锂离子电池剩余寿命预测方法

蔡艳平　陈　万　李爱华　崔智高　等 著

科学出版社

北　京

内 容 简 介

本书主要介绍不同工况下的锂离子电池剩余寿命预测方法。第1章主要分析锂离子电池剩余寿命的研究现状；第2章到第4章，分别针对经典锂离子电池剩余寿命预测算法(粒子滤波、最小二乘支持向量机和极限学习机)进行改进研究，解决了算法精度低、实时性差，以及电池容量在线测量困难等问题；第5章到第9章，分别针对现场退化数据不足、容量再生现象、不同充电策略、不同放电策略及早期循环数据的锂离子电池剩余寿命预测方法进行研究，实现了不同工况下的锂离子电池剩余寿命预测。本书论述了基于模型和基于数据驱动的剩余寿命预测方法，并且均在实例数据上进行了仿真分析，反映了锂离子电池剩余寿命预测方法研究的新进展。

本书可为从事锂离子电池剩余寿命预测方面理论研究或应用研究的科研人员提供参考。

图书在版编目(CIP)数据

锂离子电池剩余寿命预测方法 / 蔡艳平等著. 北京 ：科学出版社，2025. 1. -- ISBN 978-7-03-080068-8

Ⅰ. TM912

中国国家版本馆CIP数据核字第20244L8E77号

责任编辑：许 健 赵朋媛 / 责任校对：谭宏宇
责任印制：黄晓鸣 / 封面设计：殷 靓

科学出版社 出版
北京东黄城根北街16号
邮政编码：100717
http：//www.sciencep.com
南京展望文化发展有限公司排版
苏州市越洋印刷有限公司印刷
科学出版社发行 各地新华书店经销

*

2025年1月第 一 版 开本：B5(720×1000)
2025年1月第一次印刷 印张：11
字数：186 000

定价：100.00元

(如有印装质量问题，我社负责调换)

前言

PREFACE

锂离子电池的剩余寿命预测是对其进行健康状态评估的重要手段，对保障用电系统安全运行起着至关重要的作用，开展锂离子电池剩余寿命预测方法研究具有重要意义和应用价值。由于锂离子电池内部机理复杂，同时受外部复杂工况的影响，其退化特征通常表现为不规律的退化，这导致多数锂离子电池剩余寿命预测方法的适用范围受限且预测精度不高。鉴于此，本书提出了一系列改进的锂离子电池剩余寿命预测方法，提高了锂离子电池剩余寿命预测精度，实现了不同工况下锂离子电池的剩余寿命预测，可为相关领域科研人员提供有益参考。

本书分为 9 章。第 1 章分析锂离子电池剩余寿命预测的基本原理和研究进展，总结讨论了现有方法的优缺点。第 2 章提出了一种基于指数经验模型和随机扰动无迹粒子滤波的锂离子电池剩余寿命预测方法，解决了粒子滤波的粒子退化缺陷导致的锂离子电池经验模型参数更新不准确的问题，提高了方法的预测准确率。第 3 章提出了一种基于间接健康因子和粒子群优化最小二乘支持向量机的锂离子电池剩余寿命预测方法，解决了锂离子电池容量难以获取的问题，实现了锂离子电池剩余寿命的间接预测。第 4 章提出了一种基于鲸鱼优化极限学习机的锂离子电池剩余寿命预测方法，提高了预测实时性和精度，解决了极限学习机预测跳变问题。第 5 章基于传统机器学习和神经网络，分别提出了基于偏差容量的锂离子电池剩余寿命预测方法，以及基于多步预测模型的锂离子电池剩余寿命预测方法，解决了现场退化数据不足时锂离子电池剩余寿命预测精度低的问题,降低了小样本容量数据下电池剩余寿命的预测难度。第6章提出了一种基于多状态经验模型的锂离子电池剩余寿命预测方法,提高了预测方法对电池容量再生过程的表征能力,实现了考虑容量再生时锂离子电池剩余寿命的准确预测。第7章提出了一种基于放电电压平均变化速率的锂离子电池剩余寿命预测方法,解决了可变充电策略下锂离子电池健康因子不易提取、来源单一的问题,实现了锂离子电池在不同充电策略下的剩余寿命预测。第8章提出了基于广义神经网络与差分移动自回归的锂离子电池剩余寿命预测方法,解决了放电策略变化下的锂离子电池剩余寿命预测问题,与现有方法相比,预测精度更高,且对不同种类、不同工况下锂离子电池剩余寿命预测的适用性较好。第9章提出一种基于融合型健康因子、主成分分析和支持向量机的锂离子电池剩余寿命预测方法,解决了单一健康因子预测精度不高的问题,实现了早期循环数据下的锂离子电池剩余寿命预测。

本书整理了作者及其学术团队在锂离子电池剩余寿命预测领域多年的研究成果,能够为该领域的科研人员提供借鉴与思考。在内容安排上,本书既注重系统、全面地介绍理论知识,又力求反映本领域的最新研究成果,强调工程实际应用。

同时,在本书的撰写过程中,参考了大量国内外文献资料,在此对相关作者表示感谢,特别感谢科学出版社对本书的出版给予的极大关心,以及在内容安排上给予的热情指导和帮助。

由于作者水平有限,书中难免存在不足和疏漏之处,恳请各位专家和广大读者批评指正。

作　者

2024年6月

目录
CONTENTS

第 1 章

绪　论

与其他电池相比,锂离子电池具有比能量高、自放电率较低、环境友好等优势,已经广泛应用于各类电子产品、新能源汽车、航空航天、储能、军用武器装备等领域[1-3]。但在锂离子电池的实际使用中,其性能会随其循环充放电而不断退化,过寿使用则会导致用电设备供电不足甚至发生爆炸,因此研究如何准确评估锂离子电池的 RUL① 是其在工程应用中亟待解决的难题[4-7]。在军用领域,锂离子电池被广泛应用于各类单兵装备、导弹阵地、导弹发射车[8],对其剩余寿命进行预测可准确评估其在役时长,结合其电压、内阻、容量等参数可综合评估其健康状态,为军事领域用锂离子电池的高安全、高可靠使用提供了技术支撑。特别是对关键岗位、关键装备的电力供应,如果不能准确掌握电池的剩余寿命,电池可能会因性能不足而中断供电,往往会导致非常严重的后果。因此,开展锂离子电池剩余寿命预测方法研究具有重大意义和实际价值。

1.1　锂离子电池剩余寿命预测概述

电池管理系统(battery management system, BMS)的主要功能是智能化管理及维护各个电池单元,防止电池出现过充电和过放电,延长电池的使用寿命,监控电池的状态。电池管理系统与电池紧密结合在一起,通过传感器对电池的电压、电流、温度进行实时检测,同时还进行漏电检测、热管理、电池均衡管理、报警提醒,计算荷电状态(state of charge, SOC)和放电功率,报告电池健康状态(state of health, SOH),预测电池的剩余寿命,其中,通过健康状态估计获取锂离子电池剩余寿命是管理系统中最难的部分,因此准确估算锂离子电池剩余寿命对电池的安全使用具有重要意义。

---

① RUL 表示剩余使用寿命(remaining useful life),在本书中简称为剩余寿命。

电池的寿命可以概括地分为使用寿命、循环寿命和存储寿命三种，其中常用的是循环寿命[9]。锂离子电池的 RUL 是指锂离子电池的健康状态下降到寿命终止时包含的循环周期数。健康状态用于表征锂离子电池存储电能的能力，随着锂离子电池循环充放电的进行，健康状态会逐渐降低，当健康状态达到失效阈值时，电池失效。当前，主要有两种定义健康状态的方法[10,11]，具体如下。

1. 基于容量的定义方法

锂离子电池的容量会随着电池充放电而逐渐降低，因此容量能够表征其健康状态：

$$\mathrm{SOH} = \frac{C_i}{C_o} \times 100\% \tag{1.1}$$

式中，C_i 为电池当前实际容量；C_o 为电池的额定容量。

2. 基于内阻的定义方法

锂离子电池的内阻会随着电池充放电而逐渐增大，因此内阻可以表征其健康状态：

$$\mathrm{SOH} = \frac{R_{\mathrm{EOL}} - R}{R_{\mathrm{EOL}} - R_{\mathrm{new}}} \times 100\% \tag{1.2}$$

式中，R_{EOL} 为电池寿命终止时的欧姆内阻；R 为电池当前实际内阻；R_{new} 为新电池的欧姆内阻。

锂离子电池剩余寿命预测就是通过分析锂离子电池的退化数据建立锂离子电池的健康状态退化模型，利用退化模型外推来预测锂离子电池的健康状态变化趋势，计算预测起点到失效阈值间的循环周期数，从而获得锂离子电池的剩余寿命，如图 1.1 所示。目前研究中常采用的失效阈值定义为锂离子电池额定容量的 70%~80%[12-14]。

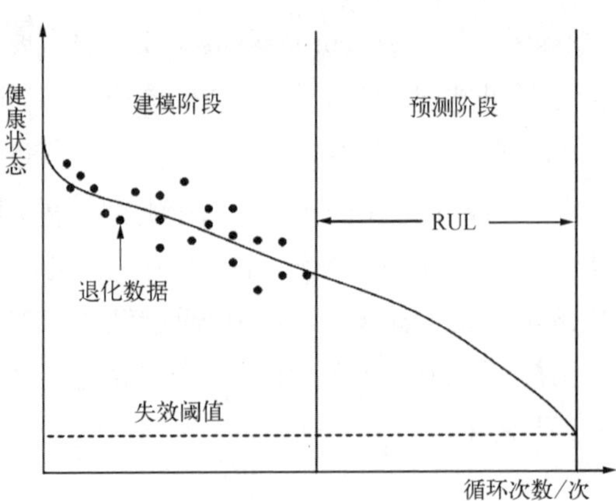

图 1.1　锂离子电池剩余寿命预测实现过程

1.2 锂离子电池剩余寿命预测方法研究进展

一般情况下,锂离子电池 RUL 的预测方法通常分为三类[15-18]:基于模型的方法、基于数据驱动的方法和基于融合的方法,如图 1.2 所示。

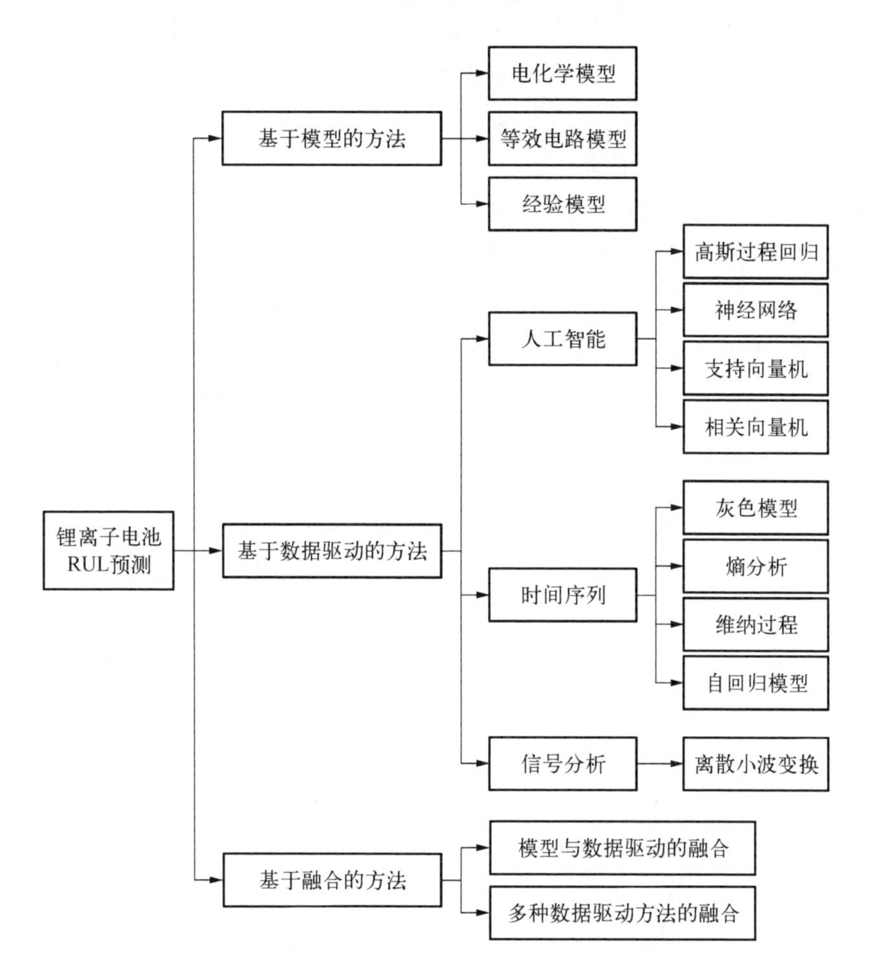

图 1.2 锂离子电池 RUL 预测方法

目前,锂离子电池 RUL 预测取得了丰富研究成果,上述三类 RUL 预测方法的研究又衍化为多类,不同方法的优缺点各异,正可谓尺有所短、寸有所长,目前锂离子电池 RUL 预测仍是研究热点和难点,不同方法的研究现状如下。

1.2.1 基于模型的锂离子电池剩余寿命预测方法

基于模型的锂离子电池 RUL 预测方法通过分析锂离子电池的内部机理来建立电池的退化模型,具体可以分为三类: 电化学模型、等效电路模型和经验模型。

1. 电化学模型

电化学模型通过分析锂离子电池的电化学性质来建立退化模型,从而实现锂离子电池 RUL 预测。Virkar[19]研究了化学势和固体电解质膜(solid electrolyte interphase, SEI)对锂离子电池容量衰减的影响并提出了一种基于线性非平衡热力学的有源电化学器件降解理论,通过该理论建立了锂离子电池的退化模型,最后获得了锂离子电池的 RUL。Prasad 等[20]提出了一种控制导向的单粒子模型并对模型进行了简化,最终获得了锂离子电池的 RUL。

电化学模型能够给出模型的实际物理化学意义,具有较高的预测精度。然而锂离子电池的退化机理比较复杂,因此建立的模型精度越高,模型携带的参数就会越多,建模越困难。同时,电池的物理化学性质不尽相同,这导致模型的鲁棒性较差,对于不同的电池需要重新建模,工作量较大。

2. 等效电路模型

等效电路模型就是将复杂的锂离子电池等效为一个简化的电路模型,以此来近似锂离子电池的动态特征。当前较为常见的等效电路模型主要有电阻(resistor, R)和电容(capacitor, C)组成的电路模型(RC 模型)、新一代汽车合作伙伴(the Partnership for a New Generation of Vehicles, PNGV)计划模型、戴维南(Thevenin)模型、Rint 模型等[21,22]。其中,RC 模型因其简单、易于理解的特点而得到了广泛使用。He 等[23]对分析对比了不同阶次的 RC 模型对锂离子电池动态状态的预测效果,指出二阶 RC 模型具有更好的估计效果。任晓霞等[24]在传统的 RC 模型中考虑了电池极化效应特性和迟滞电压特性,提出了一种锂离子电池集总参数 RC 等效电路模型,实验结果表明,提出的模型比一阶、二阶 RC 模型更加准确。此外,还可以通过动态调整 RC 模型的阶次来提高模型对于动态特性的预测能力[25]。等效电路模型相对于电化学模型更加简单,然而等效电路模型是一个简化的电池模型,无法全面反映锂离子电池的内部机理。

3. 经验模型

上述两种方法都需要分析锂离子电池的内部机理,对研究人员的专业知识水平要求较高。而基于经验模型的 RUL 预测方法避免了这一难题,因此适用范围更加广泛。基于经验模型的 RUL 预测方法通过经验模型拟合锂离子电池的历史退化数据来获得模型的初始参数,采用滤波方法更新初始参数,最后获得锂离子电池的 RUL。其中,经验模型主要有指数模型、多项式模型和容量再生模型,滤波方法主要有卡尔曼滤波(Kalman filter, KF)、粒子滤波(particle filter, PF)及其改进算法,如表 1.1 所示[26-32]。

表 1.1 锂离子电池 RUL 预测常用的经验模型和滤波方法

模 型	滤 波 方 法	文献来源
$Q_k = a\exp(-bk)$	粒子滤波	Zhang 等[26]
$Q_k = a\exp(bk) + ck^2 + d$	粒子滤波	Xing 等[27]
$Q_k = ak^3 + bk^2 + ck + d$	粒子滤波	Sun 等[28]
	线性优化组合重采样无迹粒子滤波	Zhang 等[29]
$Q_k = a\exp(bk) + c\exp(dk)$	遗传算法优化的无迹粒子滤波	林娜等[30]
	马尔可夫链蒙特卡洛方法优化的无迹粒子滤波	Zhang 等[31]
$Q_{k+1} = \eta_c Q_k + a\exp(-b/\Delta t_k)$	粒子滤波	林慧龙等[32]

基于经验模型的 RUL 预测方法有两种改进的方向:改进经验模型和改进滤波算法。王帅等[33]对文献[29]~[31]中采用的指数经验模型进行了改进,提出了三参数经验模型,减少了模型的估计参数,实验结果表明,提出的模型能够实现精确的锂离子电池 RUL 预测。从表 1.1 可以看出,基于 KF 算法的 RUL 预测研究相对较少,这是由于锂离子电池具有较强的非线性非高斯特征,而 KF 算法不适合处理该类问题,因此 PF 算法是该领域的研究重点。文献[26]~[28]采用 PF 算法都较好地实现了锂离子电池 RUL 预测,然而 PF 算法存在粒子退化和粒子多样性匮乏的缺陷,影响了锂离子电池 RUL 预测的精度[29-31]。对此,不少学者对 PF 算法进行了改进,其中最经典的改进算法是无迹粒子滤波(unscented particle filter, UPF)算法[34]。Miao 等[35]基于指数经验模型和 UPF 算法实现了锂离子电池 RUL 预测,实验结果表明 UPF 算法的预测性能优于 PF 算法。此外,不少学者针对 UPF 算法的重采样过程也进行了改进,例如文献[29]~[31]分别采用线性优化组合重采样(linear optimizing combination resampling, LOCR)、遗传算法(genetic algorithm, GA)和马尔可夫链蒙特卡洛(Markov chain Monte Carlo,

MCMC)方法来改进 UPF 算法的重采样过程,实验结果表明,改进的 UPF 算法在锂离子电池 RUL 预测中的性能优于 UPF 算法。

改进的 PF 算法都在一定程度上克服了粒子退化和粒子多样性匮乏的问题,但并没有从根本解决这两个问题,同时大多数的改进算法的计算量都有所增加,这在一定程度上限制了算法的预测精度和实时性。此外,基于经验模型的 RUL 预测方法对模型的依赖较大,导致该方法的鲁棒性不高。

1.2.2 基于数据驱动的锂离子电池剩余寿命预测方法

基于数据驱动的方法利用锂离子电池在运行过程中产生的相关数据,如电压,电流、温度等参数,构建 RUL 预测的健康因子,通过健康因子分析容量的变化趋势,得到容量衰退曲线。目前,基于数据驱动的方法主要有三种:基于人工智能的方法、基于统计分析的方法、基于信号处理的方法。

1. 基于人工智能方法的电池 RUL 预测

1) 高斯过程回归方法

高斯过程回归(Gaussian process regression, GPR)是使用高斯过程(Gaussian process, GP)先验对数据进行回归分析的非参数模型。基于 GPR 的锂离子电池 RUL 预测突破了建立实际电池模型的方法,以概率式的预测方法模拟预测电池的容量变化。

Richardson 等[36]利用 GPR 对锂离子电池容量进行预测,针对电池容量难以直接测量的问题,提出了一种基于充放电参数建立预测模型的方法。刘健等[37]提出了一种基于等压差充电时间和改进高斯过程回归模型的电池寿命预测方法。郑雪莹等[38]利用经验模态分解方法获得样本的能量分布情况,针对容量再生现象影响锂离子电池 RUL 预测建模精度的问题,提出了一种经验模态分解的能量加权 GPR 方法,实验结果表明,该方法比标准 GPR 算法更具有优势,单步预测和多步预测的均方根误差分别减小了 3%和 10%,但是从实际运行结果看,多步预测误差仍然较大,无法满足实际应用需求,还需要进行改进。基于 GPR 的方法对锂离子电池 RUL 预测精度虽然有所提升,但是多步预测的误差还较大,一些参数设定调整复杂,计算量较大,缺乏在线预测的能力。

2) 人工神经网络方法

人工神经网络(artificial neural network, ANN)是人工智能领域的研究热点。张金国等[39]提出了基于反向传播(back propagation, BP)神经网络分析方法建立寿命预测模型。Parthiban 等[40]选择了一种神经网络,它有一个输入层,一个神经元对应一个输入变量，即周期（充放电周期），以及由三个神经元组成的隐含层，通过激活函数将其输出到输出层，输出层由两个神经元组成，分别代表电荷和放电容量，其激活函数也是 sin 型传递函数，结果表明，锂离子电池的放电特性，以及计算的容量值和观察的容量值之间有很好的一致性。Eddahech 等[41]提出了一种基于阻抗光谱和循环神经网络的锂离子电池健康状态监测方法，利用等效电路的方法建立模型，同时考虑几个锂离子电池内部发生的重要现象，使用递归神经网络预测电池性能的恶化，涵盖了从建模到预测性能下降和使用的整个过程。Zhang 等[42]提出了一种基于长短期记忆（long short-term memory，LSTM）循环神经网络对锂离子电池剩余寿命进行预测的方法，采用弹性均方反向传播方法自适应优化 LSTM 循环神经网络，所开发的方法能够独立于离线训练数据来对电池的 RUL 进行预测，并且当一些离线数据可用时，该方法可以使用较少的数据实现 RUL 预测。然而，目前使用 ANN 方法对电池 RUL 进行预测仍然存在一些问题，采用该方法进行训练模型时需要大量的数据集，耗费的训练时间较长，模型的预测效果与数据量的多少成正相关，较多的数据会造成模型过拟合，较少的数据会造成预测结果欠拟合。

3）支持向量机方法

支持向量机（support vector machine，SVM）是一类按监督学习方式对数据进行二元分类的广义线性分类器，其决策边界是对学习样本求解的最大边距超平面，SVM 在各领域的模式识别问题中得到了广泛应用，包括人像识别、文本分类、手写字符识别、生物信息学等[43,44]。王一宣等[45]提出了采用免疫完全学习型粒子群优化算法对支持向量回归机的惩罚系数和超参数进行优化，从而增强其预测能力。最小二乘支持向量机（least squares-support vector machine，LS－SVM）是当前较为热门的一种算法，得到了广泛应用[46]，盛瀚民等[47]提出了基于 LS－SVM 的回归原理，通过提取锂离子电池运行过程中的外部特性构建 LS－SVM 模型，引入粒子群优化（particle swarm optimization，PSO）算法以提高训练效率与模型精度。解冰等[48]建立了基于 LS－SVM 的锂离子电池 RUL 预测模型来预测锂离子电池的剩余容量，同时采用的遗传退火算法能有效提高模型的预测精度及泛化能力。王雪莹等[49]利用改进鸟群算法对 LS－SVM 参数进行优化，测试结果表明，模型对锂离子电池 RUL 有良好的预测效果和预测稳定性。SVM 方法不会产生局部最小的问题，只需要较小的样本数，就能够获得较高的精度和很好的收敛性，但是其核函数选择困难，缺乏不确定性的表达。

4）相关向量机方法

相关向量机(relevance vector machine, RVM)是 Tipping 于 2000 年提出的一种与 SVM 类似的新的监督学习方法,RVM 具有更高的稀疏度,可以提供概率预测。Liu 等[50]提出了一种基于增量学习的优化相关向量机算法对锂离子电池的 RUL 进行估计。Zhao 等[51]利用深度信念网络生成 RVM 模型的训练数据,从而提出了一种基于深度信念网络和相关向量机的融合 RUL 预测方法。刘月峰等[52]融合多个核函数构建 RVM 预测模型,解决了单一核函数选择具有较大的主观性这一问题。何畏等[53]利用粒子群优化 RVM 建立了锂离子电池 RUL 预测模型,提高了预测方法的泛化能力,加快了模型的训练。RVM 散发在一定程度上提高了模型预测的泛化性能,同时具有不确定性表达的能力,但是在面临循环次数较多的情况时,后期预测能力较差,还需要进行改进。

5）极限学习机

极限学习机(extreme learning machine, ELM)是一类基于前馈神经网络(feedforward neuron network, FNN)构建的机器学习系统或方法[54],ELM 在研究中被视为一种特殊的 FNN,其特点是隐含层节点的权重是随机或人为给定的,且不需要更新,学习过程仅计算输出权重。在与 BP 神经网络或 BP 算法的比较中,ELM 的学习速率更快,具有较大的优势,同时 ELM 与 BP 神经网络的学习误差较为接近,没有显著提升。在基于回归问题的测试和比较研究中,ELM 的学习表现可能超过 BP 算法,也可能略低于 BP 算法。ELM 与 SVM 的学习误差相当,但 ELM 的计算复杂度更低,因此计算速度高于 SVM。

姜媛媛等[55]基于 ELM 的方法,通过提取锂离子电池的循环充放电参数构建了锂离子电池 RUL 间接预测模型。缪家森等[56]针对以往电池 RUL 估算精度低等问题,提出了粒子群优化 ELM 神经网络的方法。史永胜等[57]提出了一种使用 ELM 对锂离子电池 RUL 进行预测的方法,采用灰色关联分析法选取出健康因子并将其作为模型的输入,然后通过自适应粒子群优化算法对多层极限学习机的输入权重和隐层偏置进行了优化。陈则王等[58]引入遗传算法优化极限学习机模型参数,建立了锂离子电池 RUL 的间接预测模型。虽然 ELM 方法的预测精度和速度可以得到保证,但是需要对隐含层输入和阈值进行优化,因此需要针对隐含层输入和阈值的优化方法进行筛选,同时在中后期预测过程中,预测偏差较大,需要对训练方法进行改进。

2. 基于统计分析方法的电池 RUL 预测

统计分析方法根据经验知识和现有数据建立统计模型,预测电池容量的退化趋势。该方法在概率框架下,基于历史测量数据构建随机系数模型或随机过程模型来描述电池容量下降。由于不依赖于专家知识,统计建模方法易于实现,统计方法可以有效地描述电池退化的不确定性,提供准确的 RUL 预测结果。统计方法主要有:灰色模型、维纳过程、自回归整合移动平均。

1) 灰色模型

灰色系统理论能够解决小样本和低信息的问题[59]。Gu 等[60]指出,缺乏数据样本是锂离子电池 RUL 预测的主要难点。他们提出了一种基于灰色模型的 RUL 预测方法,实现了基于少量实际测试数据的锂离子电池 RUL 预测。Dong 等[61]提出一种基于优化灰色模型的锂离子电池 RUL 在线预测方法,从锂离子电池的运行参数中提取了一种新的健康因子,实现了锂离子电池退化模型构建和 RUL 预测。灰色模型在解决小样本的问题时具有优势,但是由于电池容量数据存在再生现象,灰色模型应用存在局限性,即无法处理非光滑数据。

2) 维纳过程

维纳过程是一个重要的独立增量过程,是一种连续时间随机过程[62]。Dong 等[63]基于布朗运动模型和粒子滤波的电池健康预测,考虑了在给定时间区间内布朗粒子的移动距离对电池容量的影响,然后采用 PF 算法对布朗运动的漂移参数进行了估算。Guang 等[64]提出了一种基于损伤标记双变量退化模型的 RUL 预测方法,从预测结果来看,该方法适合进行短期预测,长期预测偏差较大。

3) 自回归整合移动平均模型

平稳的线性随机过程可以用少量的自回归项和移动平均项来表示。对于非平稳随机过程,自回归整合移动平均(autoregressive integrated moving average, ARIMA)模型可以用一个高阶自回归(autoregressive, AR)模型来近似,由于 AR 模型的计算效率高于 ARIMA,通常采用 AR 模型进行电池 RUL 预测。Long 等[65]提出基于粒子群优化的锂离子电池预测改进自回归模型,建立了基于锂离子电池容量衰减趋势的 AR 模型,分析了传统 AR 模型定序准则的不足,提出了基于均方根误差来确定 AR 模型阶次的新方法,然后利用粒子群算法搜索最优 AR 模型的阶数。陈彦余等[66]以容量数据作为时间序列样本,基于经验模态分解对各分解出的子序列建立了自回归移动平均(autoregressive moving average, ARMA)预测模型,在长期预测上具有较高的准确性。使用该方法时,需要确保时间序列为平稳的,且在电池运行早期,由于数据量较少,该模型无法使用,局限性较大。

3. 基于信号处理方法的电池 RUL 预测

信号处理方法是电池数据处理的重要工具,通过处理后的数据可以实现

RUL 预测。陈彦余等[66]使用经验模态分解对电池容量数据进行分解获取了分量,对分量分别进行了预测和叠加,也可以实现较高精度的锂离子电池 RUL 预测。Wang 等[67]提出了一种基于离散小波变换的无模型 RUL 预测方法。这些文献中,获取的电池容量分量较多,针对每一分量进行预测耗费的时间较长,且该方法基于少量数据得到的效果较差,即无法实现电池 RUL 的早期预测,因此还需要进行改进。

综上所述,基于数据驱动的方法本质上都是基于电池运行的数据进行模型构建,其中以非容量数据作为健康因子时属于间接预测,以容量数据作为健康因子时属于直接预测。基于数据驱动的 RUL 预测方法不需要专业知识便可以对电池 RUL 进行准确的预测,但是,提取健康因子受到运行条件、环境等的影响,在适用范围上略微受限,在后期及早期预测方面还存在短板,需要进行改进。

1.2.3 基于融合的锂离子电池剩余寿命预测方法

基于融合的锂离子电池 RUL 预测方法通过融合多种模型弥补了单一模型的不足,具有更高的预测精度,是锂离子电池 RUL 预测方法的重要发展方向。

1. 模型与数据驱动的融合

基于模型与数据驱动融合的 RUL 预测方法融合了基于模型方法精度高和基于数据驱动方法鲁棒性强等优点,具有更高的预测精度。例如,Song 等[68]针对 RVM 长期预测精度不高的问题,提出了一种迭代更新的 RUL 预测方法,首先通过 RVM 实现一步预测,然后采用 KF 对一步预测结果进行优化,将优化后的值加入训练集从而动态调整 RVM 模型。实验结果表明,基于 RVM－PF 的 RUL 预测方法在长期 RUL 预测中具有较好的预测效果。罗悦[69]针对经验模型鲁棒性不高的问题,提出了一种基于 PF 和 AR 模型的 RUL 预测方法,首先采用 AR 模型实现锂离子电池 RUL 的长期预测,将预测值作为 PF 的测量值,实现了预测结果的迭代更新,结果表明该方法能够提高 RUL 预测的精度。此外,Yang 等[70]提出了一种融合指数经验模型和 RVM 的 RUL 预测方法,实验结果表明,所提出方法的预测性能优于基本 RVM 和 BP 神经网络。

2. 多种数据驱动方法的融合

基于多种数据驱动方法融合的 RUL 预测方法可以提高算法的鲁棒性,获得更高的预测精度。例如,刘月峰等[71]提出了一种融合 RVM、PF 和 AR 模型的锂离子电池 RUL 预测方法,采用 RVM 构建的退化模型作为 PF 的状态转移方程,采用 AR 模型的长期容量预测值作为 PF 的测量值来优化 PF 的预测结果,实验结果表明,提出的方法具有较高的预测精度和鲁棒性。Li 等[72]提出了一种融合 LSTM 神经网络和埃尔曼(Elman)神经网络的锂离子电池 RUL 预测方法,实验结果表明,所提出方法的预测性能优于 LSTM 神经网络和 Elman 神经网络。此外,融合卷积神经网络和 LSTM 神经网络的 RUL 预测方法[73],以及融合 RVM、SVM 和 ANN 的 RUL 预测方法[74]都在锂离子电池 RUL 预测中取得了不错的效果。

基于融合的预测方法能够极大提高预测的精度和泛化能力,然而随着融合算法的增加,算法的复杂度也会急剧增加。此外,融合算法参数较多、参数识别难度较大也是亟待解决的问题。

为了更加清晰地向读者展现各 RUL 预测方法的优缺点,本节对常见的锂离子电池 RUL 预测方法的优缺点进行总结归纳,结果如表 1.2 所示。

表 1.2　锂离子电池 RUL 常见预测方法的优缺点

RUL 预测方法			优　点	缺　点
基于模型的预测方法	经验模型		不需要分析锂离子电池的老化过程	KF 算法不适合处理非线性、非高斯问题,PF 算法存在粒子退化和粒子多样性匮乏问题
	等效电路模型		简化了锂离子电池的老化机理过程,建模相对简单	不能全面反映锂离子电池在不同工况时的动态特征
	电化学模型		模型能够反映锂离子电池的老化机理	模型的鲁棒性较差
基于数据驱动的预测方法	基于人工智能的方法	GPR	具备不确定性表达能力	在线预测能力不足,多步预测的误差较大
		朴素贝叶斯	所需估计的参数很少,对缺失数据不太敏感,算法也比较简单	工况可变,导致方法使用受限
		ANN	预测精度高	训练数据较大,训练时间较长,在线预测能力不佳
		SVM	计算量较小,模型训练较快	核函数选择困难,缺乏不确定性的表达
		RVM	具备不确定性表达能力	预测长期精度较低,稳定性较差
		ELM	训练速度较快,精度高	极易发生预测结果跳变现象

续 表

RUL预测方法			优　　点	缺　　点
基于数据驱动的预测方法	基于统计分析的方法	灰色模型	适用于小样本问题	对锂离子电池的容量再生不敏感
		维纳过程	可进行短期预测	缺乏长期预测能力
		ARIMA	适合进行平稳数据的长期预测	对小样本数据不敏感
	基于信号处理的方法		可获取电池参数较多维度的信息	对小样本数据不敏感,预测耗费时间较长
基于融合的方法			预测精度较高,方法鲁棒性较强	计算量大,优化参数较多,模型比较复杂

参考文献

[1] Lin C, Tang A H, Wang W W, et al. A review of SOH estimation methods in lithium-ion batteries for electric vehicle applications[J]. Energy Procedia, 2015, 75: 1920 - 1925.

[2] Lucu M, Martinezlaserna E, Gandiaga I, et al. A critical review on self-adaptive Li-ion battery ageing models[J]. Journal of Power Sources, 2018, 401: 85 - 101.

[3] Lipu M S, Hannan M A, Hussain A, et al. A review of state of health and remaining useful life estimation methods for lithium-ion battery in electric vehicles: challenges and recommendations[J]. Journal of Cleaner Production, 2018, 205: 115 - 133.

[4] 刘大同,周建宝,郭力萌,等.锂离子电池健康评估和寿命预测综述[J].仪器仪表学报,2015,36(1): 1 - 16.

[5] 姚芳,张楠,黄凯.锂离子电池状态估算与寿命预测综述[J].电源学报,2020,18(3): 175 - 183.

[6] Wang Y X, Liu B, Li Q Y, et al. Lithium and lithium-ion batteries for applications in microelectronic devices: a review[J]. Journal of Power Sources, 2015, 286: 330 - 345.

[7] Williard N, He W, Hendricks C, et al. Lessons learned from the 787 dreamliner issue on lithium-ion battery reliability[J]. Energies, 2013, 6(9): 4682 - 4695.

[8] 许晓东.面向使用工况的锂电池健康状态估计与剩余寿命预测方法研究[D].西安: 火箭军工程大学,2019.

[9] 杨军,解晶莹.化学测试原理与技术[M].北京: 化学工业出版社,2006.

[10] Ramadass P, Haran B, White R, et al. Mathematical modeling of the capacity fade of Li-ion cells[J]. Journal of Power Sources, 2003, 123(2): 230 - 240.

[11] 刘树林.电动汽车用锂离子动力电池建模与状态估计研究[D].济南: 山东大学,2017.

[12] Li L, Saldivar A A, Bai Y, et al. Battery remaining useful life prediction with inheritance particle filtering[J].Energies, 2019, 12(14): 2784.

[13] 周建宝.基于RVM的锂离子电池剩余寿命预测方法研究[D].哈尔滨：哈尔滨工业大学,2013.
[14] Duong P L T, Raghavan N. Heuristic kalman optimized particle filter for remaining useful life prediction of lithium-ion battery [J]. Microelectronics Reliability, 2018, 81: 232-243.
[15] 胡昌华,施权,司小胜,等.数据驱动的寿命预测和健康管理技术研究进展[J].信息与控制,2017,46(1):72-82.
[16] Peng Y, Hou Y D, Song Y C, et al. Lithium-ion battery prognostics with hybrid gaussian process function regression[J]. Energies, 2018, 11(6): 1420.
[17] 林娅.基于数据驱动的锂电池剩余使用寿命预测方法研究[D].南京：南京航空航天大学,2018.
[18] Rezvanizaniani S M, Liu Z C, Chen Y, et al. Review and recent advances in battery health monitoring and prognostics technologies for electric vehicle (EV) safety and mobility[J]. Journal of Power Sources, 2014, 256: 110-124.
[19] Virkar A V. A model for degradation of electrochemical devices based on linear non-equilibrium thermodynamics and its application to lithium ion batteries[J]. Journal of Power Sources, 2011, 196(14): 5970-5984.
[20] Prasad G K, Rahn C D. Model based identification of aging parameters in lithium-ion batteries[J]. Journal of Power Sources, 2013, 232: 79-85.
[21] 张卫平,雷歌阳,张晓强.锂离子电池等效电路模型的研究[J].电源技术,2016,40(5):1135-1138.
[22] Johnson V H. Battery performance models in advisor[J]. Journal of Power Sources, 2002, 110(2): 321-329.
[23] He H W, Xiong R, Guo H Q, et al. Comparison study on the battery models used for the energy management of batteries in electric vehicles [J]. Energy Conversion and Management, 2012(64): 113-121.
[24] 任晓霞,郭王娜.电动汽车锂离子电池集总参数RC等效电路模型[J].储能科学与技术,2019,8(5):930-934.
[25] 商云龙,张奇,崔纳新,等.基于AIC准则的锂离子电池变阶RC等效电路模型研究[J].电工技术学报,2015,30(17):55-62.
[26] Zhang L J, Mu Z Q, Sun C Y, et al. Remaining useful life prediction for lithium-ion batteries based on exponential model and particle filter[J]. IEEE Access, 2018, 6: 17729-17740.
[27] Xing Y J, Ma E W, Tsui K, et al. An ensemble model for predicting the remaining useful performance of lithium-ion batteries[J]. Microelectronics Reliability, 2013, 53(6): 811-820.
[28] Sun Y Q, Hao X L, Pecht M, et al. Remaining useful life prediction for lithium-ion batteries based on an integrated health indicator[J]. Microelectronics Reliability, 2018, 88: 1189-1194.
[29] Zhang H, Miao Q, Zhang X, et al. An improved unscented particle filter approach for lithium-ion battery remaining useful life prediction [J]. Microelectronics Reliability, 2018, 81: 288-298.
[30] 林娜,朱武,邓安全.基于融合方法预测锂离子电池剩余寿命[J].科学技术与工程,

2020,20(5)：1928－1933.
[31] Zhang X, Miao Q, Liu Z W, et al. Remaining useful life prediction of lithium-ion battery using an improved UPF method based on MCMC[J]. Microelectronics Reliability, 2017, 75：288－295.
[32] 林慧龙,李赛.基于粒子滤波的锂离子电池剩余使用寿命预测[J].科学技术与工程,2017,17(29)：296－301.
[33] 王帅,韩伟,陈黎飞,等.基于粒子滤波的锂离子电池剩余寿命预测[J].电源技术,2020,44(3)：346－351.
[34] der Merwe R V, Doucet A, de Freitas N, et al. The unscented particle filter[C]. Denver：Neural Information Processing Systems, 2000：584－590.
[35] Miao Q, Xie L, Cui H J, et al. Remaining useful life prediction of lithium-ion battery with unscented particle filter technique[J]. Microelectronics Reliability, 2013, 53(6)：805－810.
[36] Richardson R R, Osborne M, Howey D A. Gaussian process regression for forecasting battery state of health[J]. Journal of Power Sources, 2017, 357：209－219.
[37] 刘健,陈自强,黄德扬,等.基于等压差充电时间的锂离子电池寿命预测[J].上海交通大学学报,2019,53(9)：1058－1065.
[38] 郑雪莹,邓晓刚,曹玉苹.基于能量加权高斯过程回归的锂离子电池健康状态预测[J].电子测量与仪器学报,2020,34(6)：63－69.
[39] 张金国,王小君,朱洁,等.基于MIV的BP神经网络磷酸铁锂离子电池寿命预测[J].电源技术,2016,40(1)：50－52.
[40] Parthiban T, Ravi R, Kalaiselvi N. Exploration of artificial neural network [ANN] to predict the electrochemical characteristics of lithium-ion cells[J]. Electrochimica Acta, 2008, 53(4)：1877－1882.
[41] Eddahech A, Briat O, Bertrand N, et al. Behavior and state-of-health monitoring of Li-ion batteries using impedance spectroscopy and recurrent neural networks[J]. International Journal of Electrical Power & Energy Systems, 2012, 42(1)：487－494.
[42] Zhang Y Z, Xiong R, He H W, et al. Long short-term memory recurrent neural network for remaining useful life prediction of lithium-ion batteries[J]. IEEE Transactions on Vehicular Technology, 2018, 67(7)：5695－5705.
[43] Anaissi A, Nguyen K, Mustapha S, et al. Adaptive one-class support vector machine for damage detection in structural health monitoring[C]. Jeju：Pacific-Asia Conference on Knowledge Discovery and Data Mining, 2017.
[44] Cortes C, Vapnik V. Support-vector networks[J]. Machine Learning, 1995, 20(3)：273－297.
[45] 王一宣,李泽滔.基于改进支持向量回归机的锂离子电池剩余寿命预测[J].汽车技术,2020(2)：28－32.
[46] 顾燕萍,赵文杰,吴占松.最小二乘支持向量机的算法研究[J].清华大学学报：自然科学版,2010(7)：1063－1066.
[47] 盛瀚民,肖建,贾俊波,邓雪松.最小二乘支持向量机荷电状态估计方法[J].太阳能学报,2015,36(6)：1453－1458.
[48] 解冰.基于支持向量机的锂离子电池寿命预测方法研究[D].武汉：华中科技大学,2012.

[49] 王雪莹,张君婷,赵全明.基于改进鸟群算法优化最小二乘支持向量机的锂离子电池寿命预测方法研究[J].电气应用,2020,39(7):74-78.
[50] Liu D T, Zhou J B, Pan D, et al. Lithium-ion battery remaining useful life estimation with an optimized relevance vector machine algorithm with incremental learning [J]. Measurement, 2015, 63: 143-151.
[51] Zhao G Q, Zhang G H, Liu Y F, et al. Lithium-ion battery remaining useful life prediction with deep belief network and relevance vector machine[C]. Dallas: IEEE International Conference on Prognostics & Health Management, 2017.
[52] 刘月峰,赵光权,彭喜元.多核相关向量机优化模型的锂离子电池剩余寿命预测方法[J].电子学报,2019,47(6):1285-1292.
[53] 何畏,罗潇,曾珍,黄飞扬,徐杨.利用 QPSO 改进相关向量机的电池寿命预测[J].电子测量与仪器学报,2020,34(6):18-24.
[54] Huang G B, Zhu Q Y, Siew C K. Extreme learning machine: theory and applications[J]. Neurocomputing, 2006, 70(3): 489-501.
[55] 姜媛媛,刘柱,罗慧,等.锂离子电池剩余寿命的 ELM 间接预测方法[J].电子测量与仪器学报,2016,30(2):179-185.
[56] 缪家森,成丽珉,吕宏水.基于 PSO-ELM 的储能锂离子电池荷电状态估算[J].电力工程技术,2020,39(1):165-169,199.
[57] 史永胜,洪元涛,丁恩松,等.基于改进型极限学习机的锂离子电池健康状态预测[J].电子器件,2020,43(3):579-584.
[58] 陈则王,李福胜,林娅,等.基于 GA-ELM 的锂离子电池 RUL 间接预测方法[J].计量学报,2020,41(6):735-742.
[59] 邓聚龙.灰色控制系统[J].华中工学院学报,1982(3):9-18.
[60] Gu W J, Sun Z C, Wei X Z, et al. A new method of accelerated life testing based on the grey system theory for a model-based lithium-ion battery life evaluation system[J]. Journal of Power Sources, 2014, 267: 366-379.
[61] Dong Z, Xue L, Song Y J, et al. On-line remaining useful life prediction of lithium-ion batteries based on the optimized gray model GM(1, 1)[J]. Batteries, 2017, 3(3): 21.
[62] Zhang Z X, Si X S, Hu C H, et al. Degradation data analysis and remaining useful life estimation: a review on wiener-process-based methods [J]. European Journal of Operational Research, 2018, 271(3): 775-796.
[63] Dong G Z, Chen Z H, Wei J W, et al. Battery health prognosis using brownian motion modeling and particle filtering[J]. IEEE Transactions on Industrial Electronics, 2018, 65(11): 8646-8655.
[64] Guang J, Matthews D E, Zhou Z B. A Bayesian framework for on-line degradation assessment and residual life prediction of secondary batteries in spacecraft[J]. Reliability Engineering and System Safety, 2013, 113: 7-20.
[65] Long B, Xian W M, Jiang L, et al. An improved autoregressive model by particle swarm optimization for prognostics of lithium-ion batteries [J]. Microelectronics Reliability, 2013, 53(6): 821-831.
[66] 陈彦余,夏向阳,周文钊,等.基于 EMD-ARMA 的锂离子电池剩余寿命预测[J].电力学报,2021,36(1):43-50,59.
[67] Wang Y J, Pan R, Yang D, et al. Remaining useful life prediction of lithium-ion battery

based on discrete wavelet transform[J]. Energy Procedia, 2017, 105: 2053-2058.

[68] Song Y C, Liu D T, Hou Y D, et al. Satellite lithium-ion battery remaining useful life estimation with an iterative updated RVM fused with the KF algorithm[J]. Chinese Journal of Aeronautics, 2017, 31(1): 31-40.

[69] 罗悦.基于粒子滤波的锂离子电池剩余寿命预测方法研究[D].哈尔滨：哈尔滨工业大学,2012.

[70] Yang W A, Xiao M H, Zhou W, et al. A hybrid prognostic approach for remaining useful life prediction of lithium-ion batteries[J]. Shock and Vibration, 2016: 1-15.

[71] 刘月峰,赵光权,彭喜元.锂离子电池循环寿命的融合预测方法[J].仪器仪表学报,2015,36(7):1462-1469.

[72] Li X Y, Zhang L, Wang Z P, et al. Remaining useful life prediction for lithium-ion batteries based on a hybrid model combining the long short-term memory and Elman neural networks[J]. Journal of Energy Storage, 2019: 510-518.

[73] Ma G J, Zhang Y, Cheng C, et al. Remaining useful life prediction of lithium-ion batteries based on false nearest neighbors and a hybrid neural network[J]. Applied Energy, 2019 (253): 113626.

[74] Hu C, Youn B D, Wang P F, et al. Ensemble of data-driven prognostic algorithms for robust prediction of remaining useful life[C]. Denver: IEEE Conference on Prognostics and Health Management, 2011: 120-135.

第 2 章

基于粒子滤波的锂离子电池剩余寿命预测

锂离子电池的寿命通常表现为非线性和非高斯性,而粒子滤波算法能够处理任意非线性模型,因此基于 PF 的锂离子电池 RUL 预测一直是研究的热点[1,2]。Zhang 等[3]提出了一种基于指数模型和 PF 算法的 RUL 预测方法,实现了锂离子电池 RUL 预测。李亚滨等[4]提出了一种新的容量退化模型并采用 PF 算法提高了锂离子电池 RUL 预测的精度。但 PF 算法存在粒子退化和粒子多样性不足的问题,因此 Zhang 等[5]将无迹卡尔曼滤波(unscented Kalman filter, UKF)算法和线性优化组合重采样算法引入基本 PF 算法,提出了一种改进无迹粒子滤波(unscented particle filter, UPF)算法,并实验验证了该方法的有效性。韦海燕等[6]将线性优化重采样思想引入粒子滤波,建立了基于线性优化重采样粒子滤波的锂离子电池 RUL 预测方法,并通过实验验证了提出的方法优于基本粒子滤波。Zhang 等[7]采用马尔可夫链蒙特卡洛方法改进 UPF 算法并利用改进的算法实现了锂离子电池 RUL 预测,实验结果表明,该方法优于基本 PF。此外还有许多其他的改进方法[8],这些方法都是从重要性函数的选择和重采样算法的优化两方面对 PF 算法进行了改进,然而 PF 的粒子退化和多样性不足的问题仍然存在。

基于上述问题,本章提出了一种随机扰动无迹粒子滤波(randomly perturbed-unscented particle filter, RP－UPF)算法,首先采用 UKF 算法获得的建议分布来产生 PF 算法的粒子集,然后采用随机扰动重采样算法优化 PF 算法的重采样过程。改进算法相对于基本 PF 算法的优势在于:一定程度上克服了 PF 算法的粒子退化和粒子多样性不足的问题;在进行重采样时,只对保留下来的有效粒子进行处理,一定程度上减少了算法的计算量。

2.1 滤波算法的基本原理

2.1.1 标准 PF 算法

PF 算法是一种常见的滤波算法,它在解决非线性非高斯问题中取得了较好的效果,得到了广泛应用[9],其实现过程可分为以下几步。

第一步: 初始化。$k=0$ 时, 从先验概率密度函数 $p(X_0)$ 中采集粒子集 $\{X_0^i\}_{i=1}^{i=N}$, 其中 N 代表粒子集中粒子的数目,然后初始化粒子权重 $W_0^i=1/N$。

第二步: 重要性采样。将粒子集代入重要性函数 $q(X_k^i \mid X_{k-1}^i, Z_{1:k})$ 获得更新后的粒子集,对于标准 PF,重要性函数一般选择先验密度 $p(X_k^i \mid X_{k-1}^i)$。

第三步: 权重更新。权重更新的递推公式如下:

$$W_k^i = W_{k-1}^i \frac{p(Z_{1:k} \mid X_k^i)p(X_k^i \mid X_{k-1}^i)}{q(X_k^i \mid X_{k-1}^i, Z_k)} = W_{k-1}^i p(Z_{1:k} \mid X_k^i) \tag{2.1}$$

第四步: 权重归一化:

$$W_k^i = W_k^i / \sum_{i=1}^{N} W_k^i \tag{2.2}$$

第五步: 重采样。首先计算有效粒子数 N_{eff}, 然后与给定的阈值 N_{th} 进行比较,通常 N_{th} 的取值为 $2N/3$:

$$N_{\mathrm{eff}} = 1/\sum_{i=1}^{N} (W_k^i)^2 \tag{2.3}$$

当 $N_{\mathrm{eff}} \geqslant N_{\mathrm{th}}$ 时,不进行重采样;当 $N_{\mathrm{eff}} < N_{\mathrm{th}}$ 时,进行重采样。如果进行重采样,则更新粒子集的权重 $W_k^i = 1/N$。

第六步: 状态估计。当循环次数 k 小于设定的循环周期数 T 时, 令 $k=k+1$, 返回第二步进行循环,否则终止循环,算法结束。

$$\hat{X}_k = \sum_{i=1}^{N} W_k^i X_k^i \tag{2.4}$$

然而基本 PF 算法存在粒子退化和粒子多样性不足的问题,这是由于先验分布产生的粒子不一定能反映真实分布,且重采样中大量复制权重大的粒子,将导致粒子多样性下降。因此,本章从两个方面对基本 PF 算法进行改进: 重采样算法和重要性函数的优化。其中,重要性函数的分布采用 UPF 生成,重采样算法采用随机扰动重采样算法优化。

2.1.2 UKF 算法

UKF 最早是由 Julier 等[10]提出的,其核心思想是利用无迹变换在估计点附近确定采样点,用这些样本点表示的高斯分布来近似状态的概率密度函数。无迹变换的原理如下:对于一个非线性变换 $y=f(x)$,x 为 n 维随机变量,其均值和协方差分别为 $\bar{x}$ 和 P_x,通过如下所示的无迹变换可以获得 $2n+1$ 个 Sigma 点 X 和对应的权值 W,用于计算 y 的统计量。

1. 计算 $2n+1$ 个 Sigma 点:

$$X_0=\bar{x} \tag{2.5}$$

$$X_i=\bar{x}+\left(\sqrt{(n+\lambda)P_x}\right)_i,\quad i=1,2,\cdots,n \tag{2.6}$$

$$X_i=\bar{x}-\left(\sqrt{(n+\lambda)P_x}\right)_{i-n},\quad i=n+1,n+2,\cdots,2n+1 \tag{2.7}$$

2. 计算对应的权值:

$$W_m^0=\frac{\lambda}{(n+\lambda)} \tag{2.8}$$

$$W_c^0=\frac{\lambda}{(n+\lambda)}+(1-\alpha^2+\beta) \tag{2.9}$$

$$W_m^i=W_c^i=\frac{1}{2(n+\lambda)},\quad i=1,2,\cdots,2n+1 \tag{2.10}$$

式中,W_m 代表均值的权值;W_c 代表协方差的权值;$\lambda=\alpha^2(n+\kappa)-n$,是一个缩放参数,常数 α 决定 Sigma 点的分布状态,通常设置为较小的正值,κ 是辅助缩放参数,通常设置为 $3-n$;β 用于合并 x 分布的先验知识,最优值为 2;$\left(\sqrt{(n+\lambda)P_x}\right)_i$ 表示矩阵平方根(比如柯列斯基分解的下三角矩阵)的第 i 列。则 UKF 的实现步骤如下。

第一步:初始化,即

$$\bar{X}_0=\mathrm{E}[x_0] \tag{2.11}$$

$$P_0=\mathrm{E}[(x_0-\bar{x}_0)(x_0-\bar{x}_0)^{\mathrm{T}}] \tag{2.12}$$

第二步:根据上面提出的公式获取 Sigma 点和对应的权值,其中 Sigma 点集为

$$X_{k-1}^{i}=[\bar{x}_{k-1},\bar{x}_{k-1}+(\sqrt{(n+\lambda)P_{k-1}}),\bar{x}_{k-1}-(\sqrt{(n+\lambda)P_{k-1}})]\tag{2.13}$$

第三步：进行一步预测并计算预测点集的均值和协方差，即

$$\chi_{k|k-1}^{i}=f(X_{k-1}^{i})\tag{2.14}$$

$$\bar{\chi}_{k|k-1}=\sum_{i=0}^{2n}W_{m}^{i}\chi_{k|k-1}^{i}\tag{2.15}$$

$$\bar{P}_{k|k-1}=\sum_{i=0}^{2n}W_{c}^{i}(\chi_{k|k-1}^{i}-\bar{\chi}_{k|k-1})(\chi_{k|k-1}^{i}-\bar{\chi}_{k|k-1})^{\mathrm{T}}+Q\tag{2.16}$$

第四步：使用过程噪声的协方差进行无迹变换来增加 Sigma 点并重新计算对应的权值，获得的 Sigma 点集为

$$X_{k|k-1}^{i}=[\chi_{k|k-1},\chi_{k|k-1}^{0}+(\sqrt{(n+\lambda)Q}),\chi_{k|k-1}^{0}-(\sqrt{(n+\lambda)Q}]\tag{2.17}$$

式中，i 的取值范围为 $0\sim4n$。

第五步：计算预测的测量值及其协方差，即

$$Z_{k|k-1}^{i}=h(X_{k|k-1}^{i})\tag{2.18}$$

$$\bar{Z}_{k|k-1}=\sum_{i=0}^{4n}W_{m}^{i}Z_{k|k-1}^{i}\tag{2.19}$$

$$P_{Z_kZ_k}=\sum_{i=0}^{4n}W_{c}^{i}(Z_{k|k-1}^{i}-\bar{Z}_{k|k-1})(Z_{k|k-1}^{i}-\bar{Z}_{k|k-1})^{\mathrm{T}}+R\tag{2.20}$$

$$P_{X_kZ_k}=\sum_{i=0}^{4n}W_{c}^{i}(X_{k|k-1}^{i}-\bar{X}_{k|k-1})(Z_{k|k-1}^{i}-\bar{Z}_{k|k-1})^{\mathrm{T}}\tag{2.21}$$

第六步：计算卡尔曼增益，即

$$K_g=P_{X_kZ_k}P_{Z_kZ_k}^{-1}\tag{2.22}$$

第七步：计算更新后的系统状态和协方差，即

$$\bar{X}_k=\bar{X}_{k|k-1}+K_g(Z_k-\bar{Z}_{k|k-1})\tag{2.23}$$

$$P_k=\bar{P}_{k|k-1}-K_gP_{Z_kZ_k}K_g^{\mathrm{T}}\tag{2.24}$$

2.2 粒子滤波的改进

2.2.1 随机扰动重采样算法

在标准 PF 中，重采样算法对所有粒子进行了处理并舍弃了退化粒子，计算

量较大且造成了粒子多样性匮乏，而很多改进重采样算法在一定程度上增加了粒子多样性，但又导致计算量增大了。因此，本章提出一种随机扰动重采样算法，当粒子集中有效粒子数低于阈值时，从粒子集中选出有效粒子并计算有效粒子的均值，通过给均值叠加一个随机扰动得到随机扰动粒子，并代替粒子集中的退化粒子，以达到增加粒子多样性的目的。算法的步骤如下。

第一步：将粒子集 X_k 按照权值降序排列为χ_k。

第二步：从χ_k 中取出有效粒子，即

$$n = \mathrm{round}(N_{\mathrm{eff}}) \tag{2.25}$$

$$X_k^i = \chi_k^i,\ i = 1,\ 2,\ \cdots,\ n \tag{2.26}$$

式中，round 代表就近取整函数。

第三步：使用扰动粒子替换退化粒子，即

$$X_m = \frac{1}{n}\sum_{i=1}^{n} X_k^i \tag{2.27}$$

$$\sigma_M = \alpha \sum_{i=1}^{n} (X_k^i - X_m)^2,\quad i = 1,\ 2,\ \cdots,\ n \tag{2.28}$$

$$X_k^i = X_m + M_k,\quad i = n+1,\ n+2,\ \cdots,\ N \tag{2.29}$$

式中，M_k 代表随机扰动，且 $M_k \sim N(0,\ \sigma_M)$；α 为扰动的缩放参数，值越大代表扰动越大，一般取 $0 < \alpha < 1$。

第四步：更新粒子权值，$W_k^i = 1/N$。

2.2.2　随机扰动无迹粒子滤波算法

RP－UPF 算法使用 UKF 产生建议分布作为算法的重要性函数，使用随机扰动重采样算法实现粒子集的重采样，从而达到克服粒子退化、增加粒子多样性的目的并在一定程度上减少计算量。其实现步骤如下。

第一步：初始化，即

$$\bar{X}_0 = \mathrm{E}[x_0] \tag{2.30}$$

$$P_0 = \mathrm{E}[(x_0 - \bar{x}_0)(x_0 - \bar{x}_0)^{\mathrm{T}}] \tag{2.31}$$

第二步：使用 UPF 算法获得 $\bar{X}_k$ 和 P_k。

第三步：抽取粒子集 $X_k^i \sim N(\bar{X}_k, P_k)$ 并进行权值更新。

第四步：判断是否重采样。如果需要重采样,则采用随机扰动重采样算法获得重采样后的粒子集和对应权值。

第五步：状态估计,即

$$\bar{X}_k = \sum_{i=1}^{N} W_k^i X_k^i \tag{2.32}$$

$$P_k = \sum_{i=1}^{N} W_k^i (X_k^i - \bar{X}_k)(X_k^i - \bar{X}_k)^{\mathrm{T}} \tag{2.33}$$

当循环次数 k 小于设定的循环周期数 T 时，令 $k = k + 1$，返回第二步进行循环,否则终止循环,算法结束。RP－UPF 算法流程如图 2.1 所示。

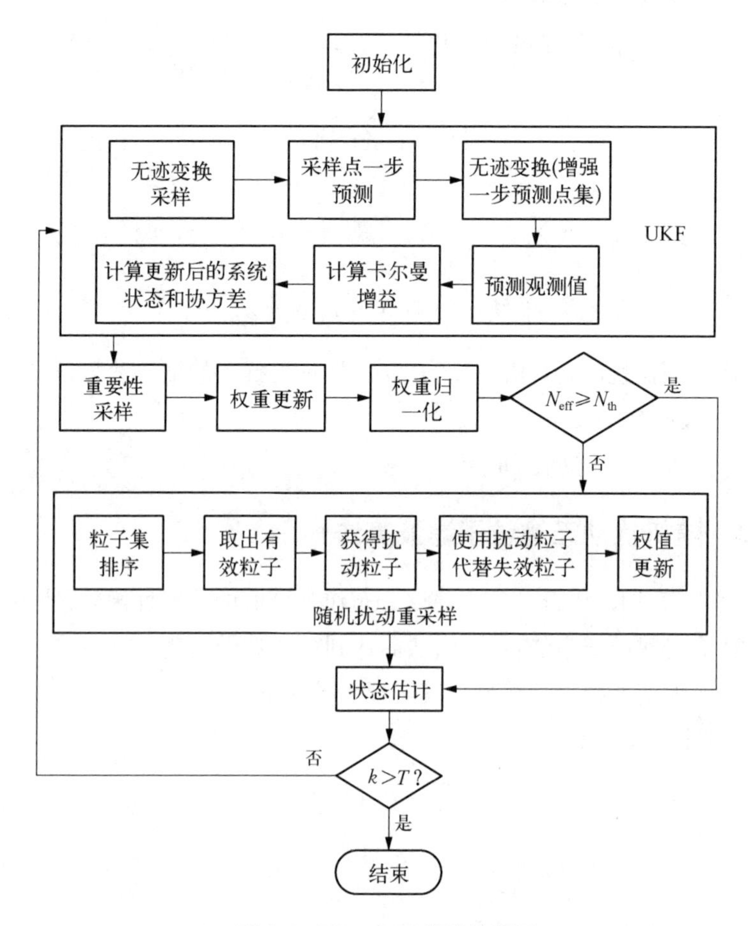

图 2.1　RP－UPF 算法流程图

2.3 基于指数经验模型和改进粒子滤波的锂离子电池剩余寿命预测方法

2.3.1 锂离子电池的经验退化模型及其初始参数识别方法

1. 锂离子电池的老化数据

锂离子电池老化数据采用美国国家航空航天局(National Aeronautics and Space Administration, NASA)公开的数据集。NASA 使用 Li-ion 18650 型号电池进行了容量退化实验并获得了四组数据集,如图 2.2 所示。实验包括四块电池:B0005、B0006、B0007、B0018,电池的额定容量为 2 Ah。实验在室温(24℃)下进行,其过程如下。

(1) 充电:首先进行恒流(1.5 A)充电,当电池电压达到 4.2 V 后,改为恒压充电,当充电电流下降到 0.02 A 时充电完成。

(2) 放电:恒流(2 A)放电,直到 B0005、B0006、B0007 和 B0018 的电压分别下降到 2.7 V、2.5 V、2.2 V 和 2.5 V。

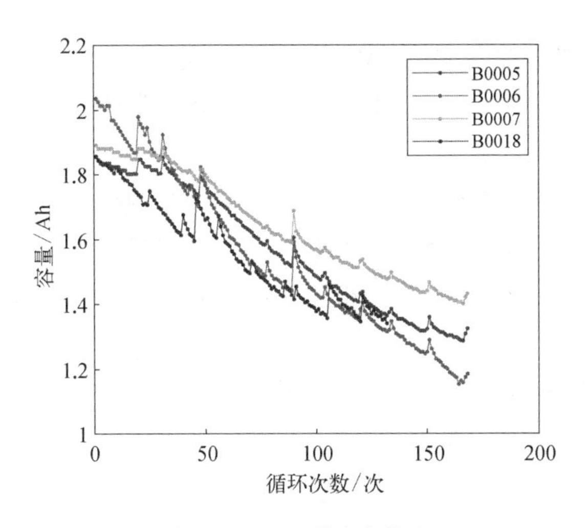

图 2.2 NASA 的老化实验

2. 指数经验模型及其初始参数识别

研究表明[5,7,11],指数经验退化模型能够较好地拟合锂离子电池的容量退化数据,因此本节采用指数经验模型来实现锂离子电池 RUL 预测:

$$Q_k = a\exp(bk) + c\exp(dk) \tag{2.34}$$

式中，Q_k 代表 k 个循环周期时电池的容量；a、b、c、d 是模型的参数。

采用指数经验模型和 Matlab 曲线拟合工具拟合退化数据，可以获得拟合曲线的参数值 a、b、c、d，如表 2.1 所示。在实验验证阶段，可以将其中一块电池的数据作为历史退化数据用于识别模型的初始参数，其他三块电池用于实验验证。

表 2.1　指数经验模型拟合退化数据结果

电池型号	a	b	c	d
B0005	1.979	−0.002 719	−0.169 7	−0.069 42
B0006	1.57	−0.005 576	0.489	0.000 945
B0007	1.942	−0.002 052	1.57×10^{-7}	0.074 06
B0018	1.858	−0.002 917	0.000 191 4	0.048 2

2.3.2　方法的具体实现流程

基于指数经验模型和 RP－UPF 的锂离子电池 RUL 预测实现步骤如下。

第一步：模型初始化参数识别。利用指数经验模型拟合历史退化数据的方法获得模型的初始化参数。

第二步：算法相关参数设置。设置粒子数、过程噪声方差、测量噪声方差、失效阈值、预测起点的值及模型的初始化参数，其中粒子数设置为 100。B0005 用于识别模型初始化参数，B0007 用于实验验证，失效阈值设置为额定容量的 75%，即 1.5 Ah。

第三步：构建状态转移方程和测量方程。根据指数经验模型可以得出系统的状态转移方程和测量方程分别为

$$\begin{cases} a_k = a_{k-1} + w_a, & w_a \sim N(0,\ \sigma_a) \\ b_k = b_{k-1} + w_b, & w_b \sim N(0,\ \sigma_b) \\ c_k = c_{k-1} + w_c, & w_c \sim N(0,\ \sigma_c) \\ d_k = d_{k-1} + w_d, & w_d \sim N(0,\ \sigma_d) \end{cases} \tag{2.35}$$

$$Q_k = a_k\exp(b_k k) + c_k\exp(d_k k) + v_k,\quad v_k \sim N(0,\ \sigma_v) \tag{2.36}$$

式中，w_a、w_b、w_c、w_d 分别代表 a、b、c、d 的过程噪声；σ_a、σ_b、σ_c、σ_d 代表噪声方差；Q_k 代表 k 时刻测量的容量；v 代表测量噪声，其方差选取与传感器有关。

第四步：模型参数更新。根据设置的预测起点将数据分为训练集和测试集，其中预测起点之前的数据为训练集，采用 RP－UPF 算法实现模型参数的更新，直至迭代到预测起点，得到的模型即为最终的锂离子电池容量退化模型。

第五步：计算 RUL 及其不确定性表达。将获得的容量退化模型外推可以获得容量的预测值，当容量退化到失效阈值时经过的周期数即为当前电池的 RUL。将预测起点处的每个粒子代入模型，外推可以获得每个粒子对应的 RUL，采用直方图画出所有 RUL 的分布即为预测结果的概率分布。

基于指数经验模型和 RP－UPF 的锂离子电池 RUL 预测实现流程如图 2.3 所示。

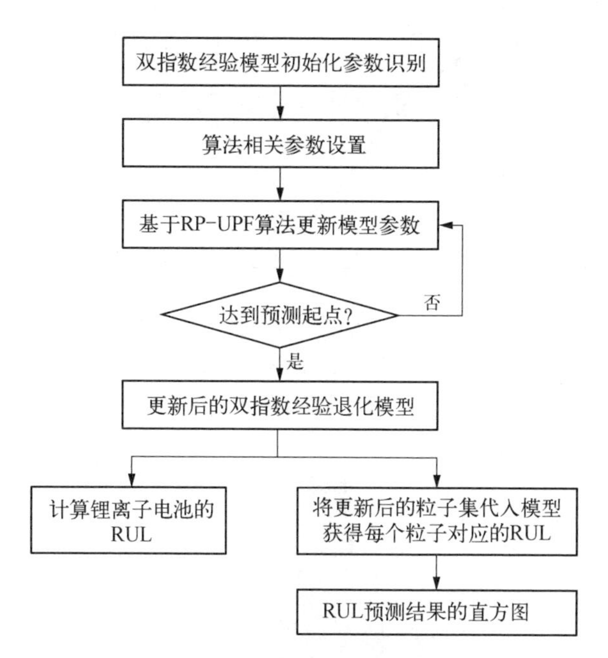

图 2.3　基于指数经验模型和 RP－UPF 的锂离子电池 RUL 预测实现流程

2.3.3　仿真分析

B0005 数据用于模型参数的初始值识别，B0007 数据用于实验验证分析，其中 B0006 在第 90 次循环处有容量再生现象，对预测结果有较大影响，而 B0018

的循环次数较少,本节未选择这两个电池。实验结果采用绝对误差(absolute error, AE)作为预测的评价指标:

$$AE = | RUL_{pre} - RUL_{real} | \tag{2.37}$$

式中, RUL_{pre} 代表预测的 RUL 值; RUL_{real} 代表真实的 RUL 值。

对于 B0007,实验中失效阈值设置为额定容量的 75%,即 1.5 Ah,因此 B0007 的实际使用寿命为 125 次充放电,预测起点设置为第 101~120 次循环,共 20 个预测起点。其中,B0007 在预测起点为 101 时的预测结果如图 2.4 所示。同时,为了直观展示 PF、UPF 与 RP-UPF 的预测结果精度,展示了三种方法在 20 个预测起点上所得预测结果的绝对误差,如图 2.5 所示。

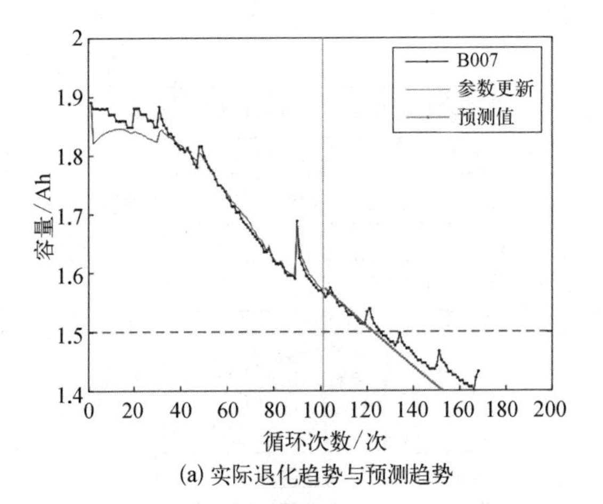

(a) 实际退化趋势与预测趋势

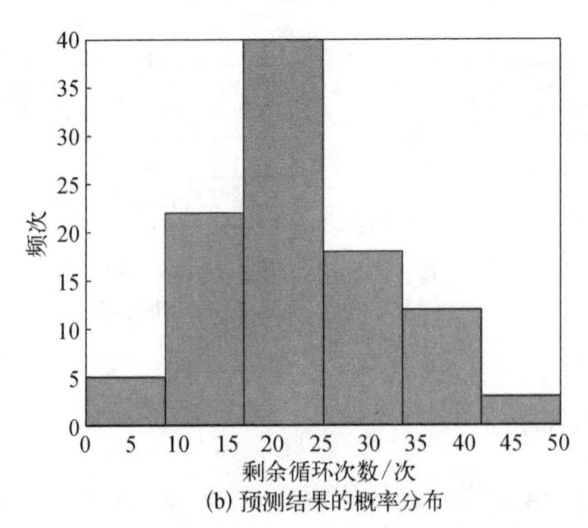

(b) 预测结果的概率分布

图 2.4 B0007 在预测起点为 101 时的预测结果

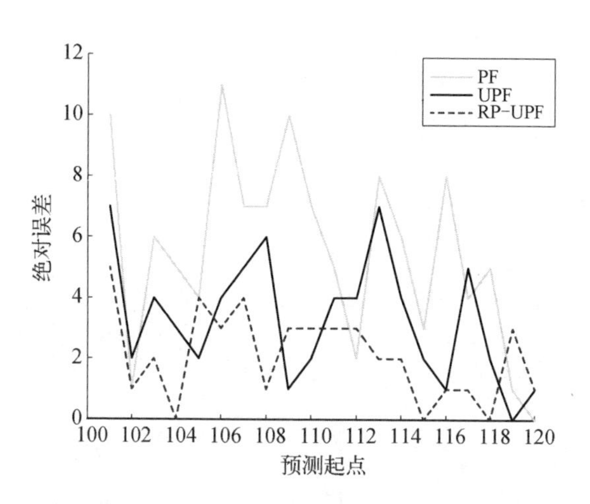

图 2.5　三种方法的预测误差

从图 2.4 可以看出,基于双指数经验模型与 RP - UPF 的锂离子电池 RUL 预测方法能够准确预测锂离子电池的 RUL,并且预测结果的分布为正态分布,与实际一致。从图 2.5 可以看出,三种方法中,RP - UPF 方法预测结果的绝对误差曲线在大部分预测点均为最低,UPF 方法预测结果的绝对误差居中,而 PF 方法预测结果的绝对误差最大。对预测误差求平均,RP - UPF 方法预测结果的误差均值为 2.1, UPF 预测结果的误差均值为 3.3, PF 算法预测结果的误差均值为 5.5,这表明 RP - UPF 在锂离子电池 RUL 预测中的性能优于 UPF 和 PF,证明本章提出的改进方法是有效的。

2.4　本章小结

本章介绍了粒子滤波的原理,分析了粒子滤波存在的不足。针对粒子滤波的粒子退化影响锂离子电池 RUL 预测精度的问题,通过引入无迹卡尔曼滤波和随机扰动重采样方法对粒子滤波进行了改进。利用随机扰动重采样算法优化了 PF 的重采样过程,利用 UKF 算法优化 PF 的重要性采样过程,构建了 RP - UPF 算法,降低了粒子退化的速率,增加了粒子多样性。

结合双指数经验模型和提出的 RP - UPF 方法,构建了锂离子电池 RUL 预测方法,并在实例数据中进行了验证,同时将该方法与粒子滤波和无迹粒子滤波进行了比较。结果表明,本章所提出的方法能够实现锂离子电池 RUL 预测,并且预测精度较粒子滤波和无迹粒子滤波有明显的提高,证明了提出方法的有效性。

参考文献

[1] Duong P L T, Raghavan N. Heuristic kalman optimized particle filter for remaining useful life prediction of lithium-ion battery [J]. Microelectronics Reliability, 2018, 81: 232-243.

[2] Su X H, Wang S, Pecht M, et al. Interacting multiple model particle filter for prognostics of lithium-ion batteries[J]. Microelectronics Reliability, 2017, 70: 59-69.

[3] Zhang L J, Mu Z Q, Sun C Y. Remaining useful life prediction for lithium-ion batteries based on exponential model and particle filter [J]. IEEE Access, 2018, 6: 17729-17740.

[4] 李亚滨,林硕,袁学庆,等.基于新容量退化模型的锂电池 RUL 预测研究[J].计算机仿真,2020,37(2):120-124.

[5] Zhang H, Miao Q, Zhang X, et al. An improved unscented particle filter approach for lithium-ion battery remaining useful life prediction [J]. Microelectronics Reliability, 2018, 81: 288-298.

[6] 韦海燕,安晶晶,陈静,等.基于改进粒子滤波算法实现锂离子电池 RUL 预测[J].汽车工程,2019,41(12):1377-1383.

[7] Zhang X, Miao Q, Liu Z W. Remaining useful life prediction of lithium-ion battery using an improved UPF method based on MCMC[J]. Microelectronics Reliability, 2017, 75: 288-295.

[8] Hu Y, Baraldi P, Maio F, et al. A particle filtering and kernel smoothing-based approach for new design component prognostics [J]. Reliability Engineering & System Safety, 2015, 134: 19-31.

[9] Su X H, Wang S, Pecht M, et al. Interacting multiple model particle filter for prognostics of lithium-ion batteries[J]. Microelectronics Reliability, 2017, 70: 59-69.

[10] Julier S J, Uhlmann J K. New extension of the Kalman filter to nonlinear systems[J]. International Society for Optics and Photonics, 1997, 3068: 182-193.

[11] 林娜,朱武,邓安全.基于融合方法预测锂离子电池剩余寿命[J].科学技术与工程,2020,20(5):1928-1933.

第3章

基于支持向量机的锂离子电池剩余寿命预测

支持向量机(SVM)采用结构风险最小化作为最优原则,能够获得全局最优解。SVM 在处理小样本非线性问题方面表现良好,因此在锂离子电池 RUL 预测中受到了广泛关注[1]。Klass 等[2]采用 SVM 实现了锂离子电池 SOH 的监测并通过实验验证了该方法的有效性。然而 SVM 的惩罚因子和核函数带宽需要人为设置,严重影响了 SVM 的预测性能和鲁棒性。因此,有学者将 PSO 算法[3]、差分进化(differential evolution, DE)算法[4]、遗传算法[5]等引入 SVM 提出了改进的 SVM 算法。此外,一些改进型优化算法也常用于优化 SVM 算法,例如,王一宣等[6]指出,基于 GA 优化的 SVM 预测误差仍然较大,PSO 算法存在局部最优解问题,完全学习型粒子群优化(complete learning particle swarm optimization, CLPSO)算法的全局寻优能力较强,但局部搜索能力较差,将人工免疫系统(artificial immune systems, AIS)引入 CLPSO 算法提出了 AIS - CLPSO 算法来优化 SVM 的超参数,实验结果表明,基于 AIS - CLPSO 优化的 SVM 的预测性能优于其他优化算法。最小二乘支持向量机(LS - SVM)不仅继承了 SVM 全局最优和小样本的特点,而且将 SVM 中的凸二次规划求解问题转换为线性方程组求解问题,大大减小了算法的计算量[7],因此也广泛应用于锂离子电池 RUL 预测。Shu 等[8]将 GA 引入 LS - SVM 提出了 GA - LS - SVM 算法,提高了算法的鲁棒性,实现了锂离子电池 RUL 间接预测。Yang 等[9]通过采用 PSO 算法优化 LS - SVM 从而提出了 PSO - LS - SVM 算法,提高了 RUL 预测精度。

由此可见,SVM 在锂离子电池 RUL 预测中占有重要地位,因此本章主要研究 SVM 在锂离子电池 RUL 预测中的应用。

3.1 支持向量机概述

3.1.1 支持向量机原理

SVM 能够很好描述输入与输出之间的非线性关系,因此适合用于 SOH 估计。对于一个锂离子电池数据集 $\{x_i, y_i\}_{i=1}^{n}$,其中 $x_i \in R^n$ 是特征向量,y_i 是目标输出,则 SVM 建立的回归模型为

$$y = w\phi(x) + b \tag{3.1}$$

式中,x 为输入;$\phi(x)$ 为非线性映射函数;w 为权重;b 为截距。根据结构风险最小化原则,可以将模型求解等效为一个优化问题,即

$$\frac{1}{2}\| w \|^2 + C\sum_{i=1}^{n} L[f(x_i), y_i] \tag{3.2}$$

式中,L 为损失函数;C 为惩罚因子,用于调节模型的复杂程度,C 越大,模型越复杂,同时容易出现过拟合的情况。通过引入松弛变量 $\{\xi_i\}_{i=1}^{n}$ 和 $\{\xi_i^*\}_{i=1}^{n}$ 来纠正不规则的因子,最终优化问题为

$$\min \frac{1}{2}\| w \|^2 + C\sum_{i=1}^{n} L(\xi_i + \xi_i^*) \tag{3.3}$$

$$\text{s.t.} \begin{cases} y_i - w\phi(x) - b \leqslant \varepsilon + \xi_i \\ w\phi(x) + b - y_i \leqslant \varepsilon + \xi_i^* \\ \xi_i, \xi_i^* \geqslant 0 \end{cases} \tag{3.4}$$

式中,$\varepsilon > 0$,为不敏感因子(允许的最大误差)。利用对偶原理,同时引入拉格朗日乘法算子,优化问题转换为

$$\begin{aligned} \max \sum_{i=1}^{n} \alpha_i^*(y_i - \varepsilon) - \sum_{i=1}^{n} \alpha_i(y_i + \varepsilon) \\ - \frac{1}{2}\sum_{i,j}^{n} (\alpha_i^* - \alpha_i)(\alpha_j^* - \alpha_j)\phi(x_i)\phi(x_j) \end{aligned} \tag{3.5}$$

$$\text{s.t.}\quad \begin{cases} \sum_{i=1}^{n}(\alpha_i - \alpha_i^*) = 0 \\ 0 \leqslant \alpha_i,\ \alpha_i^* \leqslant C \end{cases} \tag{3.6}$$

式中，α_i 和 α_i^* 为拉格朗日乘数。根据默瑟(Mercer)定理，求解上述凸二次规划问题，最终 SVM 回归模型为

$$f(x) = w\phi(x) + b = \sum_{i=1}^{n}(\alpha_i - \alpha_i^*)k(x_i,\ x) \tag{3.7}$$

式中，$k(x_i,\ x) = \phi(x_i)\phi(x_j)$，为核函数，常用的核函数有以下几个。

（1）高斯核函数：

$$K_g(x,\ z) = \exp\left(-\frac{\| x - z \|^2}{2\sigma^2}\right) \tag{3.8}$$

（2）线性核函数：

$$K_x(x,\ z) = x^{\mathrm{T}}z + c \tag{3.9}$$

（3）多项式核函数：

$$K_d(x,\ z) = (ax^{\mathrm{T}}z + c)^d \tag{3.10}$$

（4）sigmoid 核函数：

$$K_s(x,\ z) = \tanh(ax^{\mathrm{T}}z + c) \tag{3.11}$$

式中，σ 代表核函数带宽；a、c 代表系数，d 代表多项式核函数的阶数。其中，高斯核函数具有较强的非线性拟合能力，是当前最常用的核函数。

3.1.2　最小二乘支持向量机原理

LS－SVM 不仅继承了 SVM 全局最优和小样本的特点，而且将 SVM 中的凸二次规划求解问题转换为线性方程组求解问题，大大减小了算法的计算量，因此 LS－SVM 也十分适用于锂离子电池 RUL 预测。对于训练集 $\{(x_i,\ y_i)\}_{i=1}^{n}$，其中 $x \in R^n$ 为输入，$y \in R$ 为输出，则 LS－SVM 可以表示如下所示的优化问题：

$$\begin{cases}\min \quad J(w,\ b,\ e) = \dfrac{1}{2} w^{\mathrm{T}} w + \dfrac{1}{2} \gamma \sum_{k=1}^{l} e_l^2 \\ \text{s.t.} \quad y_i = w^{\mathrm{T}} h(x) + b + e_i, \quad i = 1,\ 2,\ \cdots,\ l \end{cases} \tag{3.12}$$

式中，w、b 表示系数；γ 代表正则化参数；e 代表误差；$h(x)$ 代表低维到高维的映射关系。引入 Lagrange 乘子，可以将上述优化问题转变为如下所示的无约束优化问题：

$$L(w,\ b,\ e;\ \alpha) = J(w,\ b,\ e) + \sum_{i=1}^{l} \alpha_i \{ w^{\mathrm{T}} h(x_i) + b + e_i - y_i \} \tag{3.13}$$

式中，α 为 Lagrange 乘子。对式(3.13)求导可得

$$\begin{cases} \dfrac{\partial L}{\partial w} = 0 \rightarrow w = \sum_{i=1}^{n} \alpha_i h(x_i) \\ \dfrac{\partial L}{\partial b} = 0 \rightarrow \sum_{i=1}^{n} \alpha_i = 0 \\ \dfrac{\partial L}{\partial e_i} = 0 \rightarrow \alpha_i = \gamma e_i \\ \dfrac{\partial L}{\partial \alpha_i} = 0 \rightarrow w^{\mathrm{T}} h(x_i) + b + e_i - y_i = 0 \end{cases} \tag{3.14}$$

式(3.14)可以用如下线性方程组表示：

$$\begin{bmatrix} 0 & 1_n^{\mathrm{T}} \\ 1_n & K + \gamma^{-1} I_n \end{bmatrix} \begin{bmatrix} b \\ \alpha \end{bmatrix} = \begin{bmatrix} 0 \\ y \end{bmatrix} \tag{3.15}$$

式中，1_n 代表 $1 \times n$ 阶矩阵；I_n 代表 $n \times n$ 阶单位矩阵；K 代表核函数矩阵，$K_{ij} = h(x_i)^{\mathrm{T}} h(x_j)$，代表核函数。则 LS－SVM 模型可以如下表示：

$$f(x) = \sum_{i=1}^{n} \alpha_i k(x_i,\ x) + b \tag{3.16}$$

式中，$k(x_i,\ x)$ 代表核函数。

3.2 粒子群优化最小二乘支持向量机

LS－SVM 的性能与参数 γ 和 σ 的设置直接相关，人为设置参数会存在以下

几个问题：无法保证设置的参数是最优的；不同的电池需要设置不同的参数，算法鲁棒性不强。因此，本章引入PSO算法来实现LS-SVM算法参数的自适应选择，可以提高算法在不同数据中的适应性。

3.2.1 粒子群优化算法原理

粒子群优化算法是一种基于群体智能理论的优化算法，它通过适应度函数不断更新两个最优参数：历史最优解 P_{best} 和全局最优解 G_{best}，并基于这两个参数实现粒子集位置和速度的更新，从而完成对问题的寻优，其实现过程大致可以概括为以下几步。

第一步，初始化：

$$x^j = x^j_{min} + (x^j_{max} - x^j_{min}) \times \text{rand}(1, \text{size}) \tag{3.17}$$

$$v^j = v^j_{min} + (v^j_{max} - v^j_{min}) \times \text{rand}(1, \text{size}) \tag{3.18}$$

式中，j 代表求解问题的维数；x^j 代表第 j 维粒子的位置；x^j_{max} 和 x^j_{min} 代表位置的上下限；v^j_{max} 和 v^j_{min} 代表速度的上下限；size 代表粒子群大小。

第二步，寻找第一代粒子集的全局最优解：

$$P_{best} = x \tag{3.19}$$

$$G_{best} = x_k, \quad [x_k, k] = \min[f(x)] \tag{3.20}$$

式中，min 代表求序列的最小值；f 代表适应度函数；x_k 代表第 k 个粒子的位置。

第三步，更新粒子集位置和速度：

$$v = w \times v + c_1 \times \text{rand}(1) \times (P_{best} - x) + c_2 \times \text{rand}(1) \times (G_{best} - x) \tag{3.21}$$

$$x = x + v \tag{3.22}$$

式中，w 代表惯性权重；c_1 和 c_2 代表学习因子，通常设置为2。w 的取值对算法的搜索能力影响较大，当 w 较大时，算法具有较强的全局搜索能力，但寻优速度较慢；当 w 较小时，算法具有较强的局部搜索能力，但容易陷入局部最优。因此，本章提出一种线性递减惯性权重计算方法：

$$w = w_{end} + (w_{start} - w_{end}) \times (T_{max} - T_k)/T_{max} \tag{3.23}$$

式中，w_{start} 代表初始惯性权重，一般取值 0.9；w_{end} 代表迭代终止时的惯性权重，一般取值 0.4；$T_{\max}$ 代表最大迭代次数；T_k 代表当前迭代次数。

第四步，更新粒子集的历史最优位置和全局最优位置：

$$P_{\text{best},\,i}=\begin{cases}x_i, & f(x_i)<f(P_{\text{best},\,i})\\ P_{\text{best},\,i}, & \text{其他}\end{cases}\tag{3.24}$$

$$G_{\text{best}}=\begin{cases}x_k, & f(x_k)<f(G_{\text{best}})\\ G_{\text{best}}, & \text{其他}\end{cases}\tag{3.25}$$

式中，x_k 代表当前粒子集中适应度值最小的粒子。

第五步：判断是否满足迭代终止条件。若不满足，则返回第三步；若满足，则输出最终的全局最优值。

3.2.2 粒子群优化的最小二乘支持向量机

采用 PSO 算法优化 LS - SVM 的输入参数，重点是为 PSO 构建一个合适目标函数，在回归问题中，常采用预测结果与实际值之间的均方根误差来评估预测方法的性能，因此本章也采用均方根误差作为 PSO 的目标函数；同时为了避免优化后的 LS - SVM 模型出现过拟合的现象，在目标函数的计算过程中采用了 k 折交叉验证的方法。则 PSO - LS - SVM 算法中目标函数的计算过程如下。

第一步：将数据集 $\{(X, Y)\}$ 分为 $\{(x_i, y_i)\}_{i=1}^{k}$。

第二步：$\{(x_i, y_i)\}_{i=1}$ 作为验证集 $\{(X_v, Y_v)\}$，其余组成训练集 $\{(X_t, Y_t)\}$。

第三步：将 $\{(X_t, Y_t)\}$ 代入 LS - SVM 得到回归模型，然后将 $\{X_v\}$ 代入模型得到预测值，计算预测数据与验证集数据的均方根误差：

$$\text{RMSE}=\sqrt{\frac{1}{n}\sum_{i=1}^{n}\left[Y_p(i)-Y_v(i)\right]^2}\tag{3.26}$$

式中，Y_p 代表预测数据。

第四步：令 $i=i+1$，判断 $i>k$ 是否成立。如果不成立，则返回第二步。

第五步：计算 k 个均方根误差的均值，见式(3.27)。

$$\mathrm{RMSE}_m = \frac{1}{k}\sum_{i=1}^{k}\mathrm{RMSE}(i) \tag{3.27}$$

式中，RMSE_m 为 PSO - LS - SVM 算法目标函数的计算结果；k 的取值一般大于等于 3，如果训练集数据过少，k 也可以取 2，本章中 k 的取值为 3。则 PSO - LS - SVM 算法的流程如图 3.1 所示。

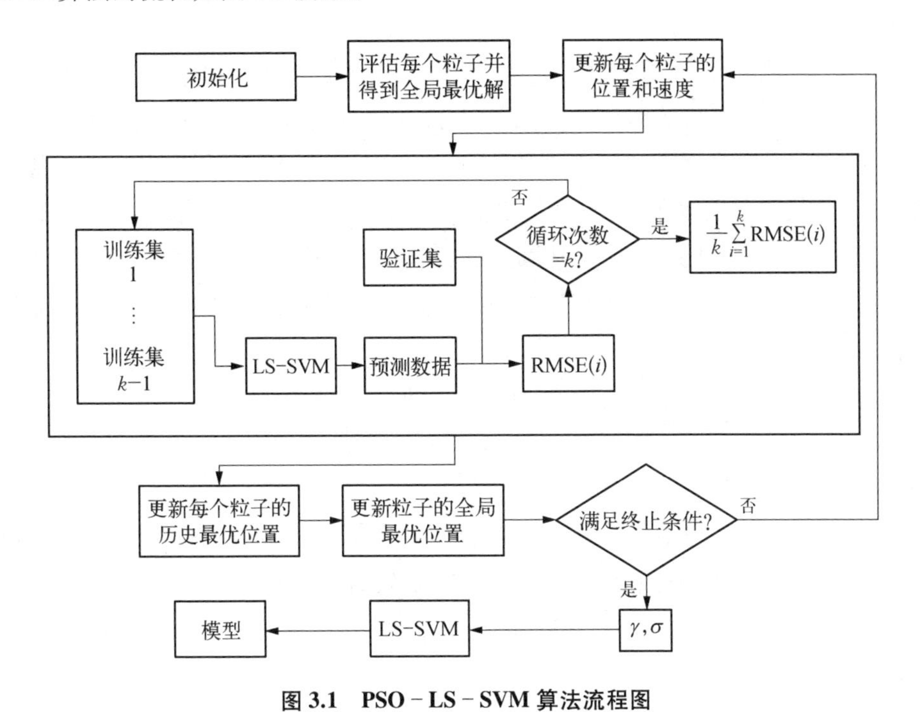

图 3.1　PSO - LS - SVM 算法流程图

3.3　基于融合间接健康因子与 PSO - LS - SVM 的锂离子电池剩余寿命预测方法

电池性能退化最明显的特征就是电池容量逐渐变小，内阻逐渐变大，因此电池容量和内阻是表征动力锂离子电池健康状态的直接健康因子（health index，HI）。使用直接 HI 和智能算法能够实现锂离子电池 RUL 预测[10,11]，但对于实际使用中的锂离子电池来说，其容量和内阻几乎无法测量。基于此，有学者提出采用易于测量的电池特征参数来实现 RUL 预测[12-14]。Liu 等[15]通过提取电池放电过程中的电压和电流特征获得了等压降充电时间序列，采用 Box - Cox 变换优化提取的 HI,最后采用优化的相关向量机实现了锂离子电池在线 RUL 预测。但有学者提出电池的放电状态会因工作状态的不同而变化,充电状态相对来说更加稳定,因此从充电过程中提取间接 HI 更符合实际[16,17]。Wang 等[14]通过分析发现恒压充电过程中的电流变化与电池 SOH 相关并构建出 HI,从而实现了锂离子电池 RUL 预测。因此,利用充电过程中的特征参数来构建 HI 是当前研究的热点。

基于上述问题,本章提出了一种基于易于测量的电压和电流特征参数与 PSO -LS - SVM 算法的锂离子电池 RUL 的间接预测方法。该方法具有以下几个优势：一是考虑到充电状态更加稳定,本章从充电过程中提取 HI,同时电压和电流的截取范围较小,能够避免电池完全充放电的影响,更加符合实际工作状态的电池;二是通过自适应 HI 提取办法优化了 HI 提取过程中电压和电流的范围,同时通过组合两个 HI 和 Box - Cox 变换来提高 HI 与容量的线性关系。

3.3.1 健康因子构建

1. 锂离子电池的老化数据

锂离子电池老化数据采用 NASA 公开的数据集。NASA 使用 Li-ion 18650 型号电池进行了容量退化实验并获得了四组数据集,如图 3.2 所示。包括四块电池：B0005、B0006、B0007、B0018,电池的额定容量为 2 Ah。实验在室温(24℃)下进行,其过程如下。

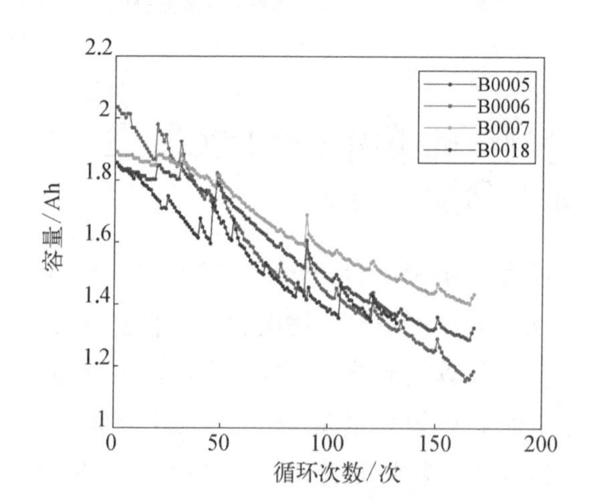

图 3.2 NASA 的老化实验

(1) 充电：首先进行恒流(1.5 A)充电，当电池电压达到 4.2 V 后，改为恒压充电，当充电电流下降到 0.02 A 时充电完成。

(2) 放电：恒流(2 A)放电，直到 B0005、B0006、B0007 和 B0018 的电压分别下降到 2.7 V、2.5 V、2.2 V 和 2.5 V。

B0007 用作离线电池，可用于分析验证间接 HI 构建方法的有效性；B0005 和 B0018 用作在线电池，用于实验验证。通过分析可知，锂离子电池的充电状态相对放电状态来说更加稳定，因此从充电状态提取间接 HI 更加符合实际；同时，实际工作状态中锂离子电池不会处于完全充放电的状态，这在间接 HI 的提取过程中需要考虑。

2. 单一间接 HI

图 3.3 所示为 B0007 在充电过程中电压和电流的变化趋势(图中 20~160 代表电池的循环次数)，从图 3.3 可以看出，随着循环周期增加，锂离子电池的恒流充电时间逐渐缩短，这也间接表明锂离子电池的容量随着充放电的进行在不断降低。此外可以发现，在恒流充电阶段与恒压充电阶段，充电电流的变化都随着充放电周期呈现周期性变化。因此，可以构建的间接 HI 有等电压升充电时间序列、恒流充电时间序列、等电流降充电时间序列。其中，恒流充电时间序列的计时起点为 $T = 0$ s，即要求上一周期电池完全放电，而实际工作中电池一般不会完全放电，因此该间接 HI 在实际中很难获取。因此，下面对其他两个时间序列进行分析，为了方便描述，将等电压升充电时间序列简称为 HI1，等电流降充电时间序列简称为 HI2。

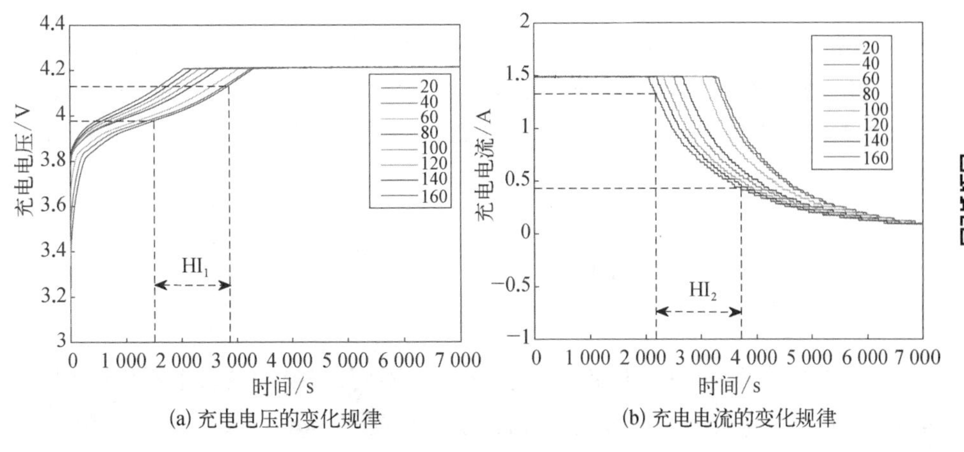

(a) 充电电压的变化规律　　(b) 充电电流的变化规律

图 3.3　B0007 的充电过程中电压和电流的变化规律

HI_1 的构建方法：利用 PSO 算法获得一个最优电压变化区间，计算电池充电过程中电压变化经过该区间的时间，组合不同周期获得的时间数据得到了 HI_1，图 3.3(a) 中展示了在循环次数为 160 次时 HI_1 的构建过程。电压范围的选择需要避免电池的完全充放电过程，从图 3.3(a) 可以发现，充电后的极短时间内，电池的电压上升至 3.85 V 以上，因此本章中电压变化范围的下限定义为 3.95 V；充电截止电压为 4.2 V，考虑测量误差带来的波动，电压变化范围的上限定义为 4.18 V。

HI_2 的构建方法：利用 PSO 算法获得一个最优电流变化区间，计算电池充电过程中电流变化经过该区间的时间，组合不同周期获得的时间数据，得到了 HI_2，图 3.3(b) 中展示了在循环次数为 160 次时 HI_2 的构建过程。电流范围的选择需要避免电池的完全充放电过程，实验中电池充电结束的条件为充电电流下降到 0.02 A，因此本章中电流变化范围的下限定义为 0.2 A；恒流充电电流为 1.5 A，考虑测量误差带来的波动，电流变化的上限定义为 1.48 A。

3. HI 的融合与优化方法

单一间接 HI 没有考虑不同间接 HI 间的耦合关系，因此无法准确表征电池的健康状态。本章通过 HI_1 和 HI_2 的线性组合获得了融合型 HI，提高了间接 HI 与容量的线性关系，这里将融合型间接 HI 简称 HI_3。

当 HI_1、HI_2 与容量的正负相关性相同时：

$$HI_3 = a \times HI_1 + b \times HI_2 \tag{3.28}$$

当 HI_1、HI_2 与容量的正负相关性相反时：

$$HI_3 = a \times HI_1 + b \times (1 - HI_2) \tag{3.29}$$

式中，a 和 b 为需要优化的参数，采用 PSO 算法实现两个参数的优化。

为了增强 HI_3 与容量的相关性，提出了一种基于 PSO 算法的 Box－Cox 变换来实现 HI_3 的优化。Box－Cox 通常用于提高两组数据的线性相关性，其变换过程如下：

$$y(\lambda) = \begin{cases} \dfrac{y_i^{\lambda} - 1}{\lambda}, & \lambda \neq 0 \\ \ln(y_i), & \lambda = 0 \end{cases} \tag{3.30}$$

式中，y_i 为原序列；$y(\lambda)$ 为变换后的序列。λ 不同，变换的结果也不相同，因此本章利用 PSO 算法来实现参数的最优化选择，提高 Box－Cox 变换的效果。则融合型 HI 的构建流程如图 3.4 所示。

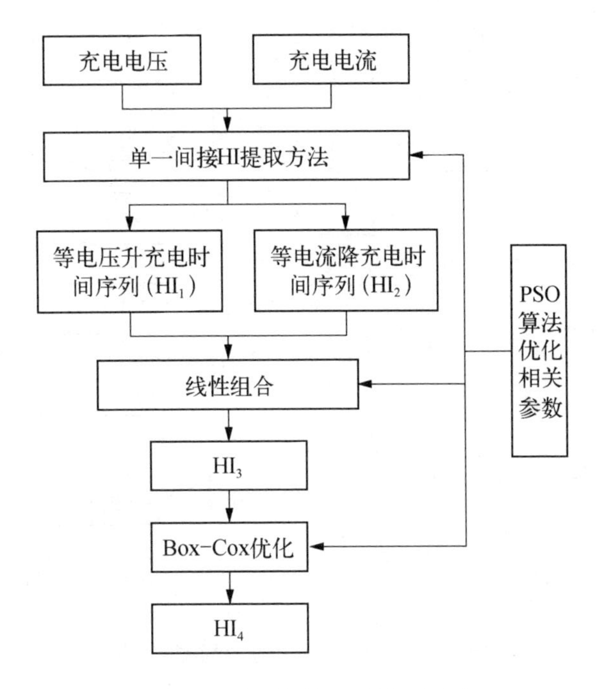

图 3.4　融合型间接 HI 的构建流程

3.3.2　方法的具体实施步骤

综上分析,基于融合型间接 HI 和 PSO - LS - SVM 的锂离子电池 RUL 间接预测的实现步骤如下。

第一步: 利用融合型间接 HI 的构建方法获取离线电池的融合型间接 HI,建立融合型间接 HI 与容量的关系。

第二步: 利用融合型间接 HI 的构建方法获取在线电池的融合型间接 HI。

第三步: 设置预测起点和失效阈值。预测起点之前的数据为训练集,预测起点之后的容量为验证集;将训练集数据输入 PSO - LS - SVM 算法,获得融合型间接 HI 的预测模型。

第四步: 外推预测模型获得融合型间接 HI 的预测值,利用离线数据建立的融合型间接 HI 与容量的关系,获得容量的预测值,计算容量下降到失效阈值时经过的循环周期数,得到锂离子电池的 RUL。

基于融合型间接 HI 和 PSO - LS - SVM 的锂离子电池 RUL 间接预测实现流程如图 3.5 所示。

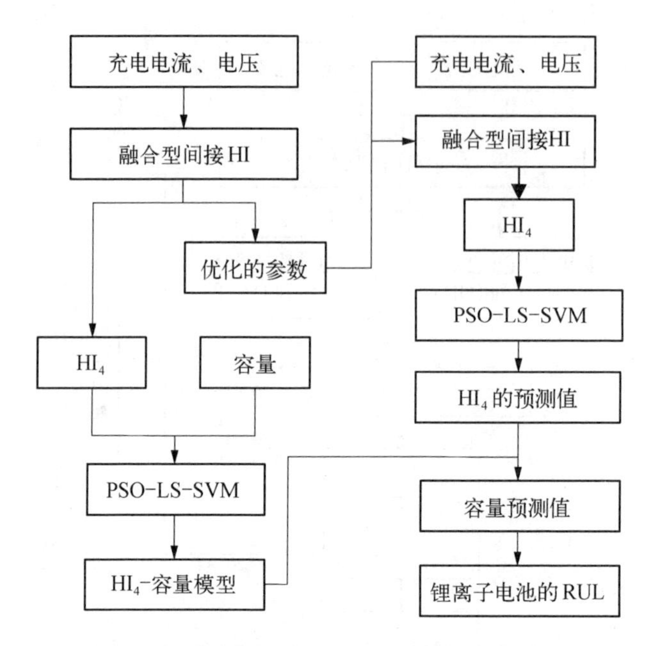

图 3.5 锂离子电池 RUL 间接预测实现流程

3.3.3 仿真分析

1. HI 的有效性分析

利用融合型间接 HI 的构建方法从 B0005 和 B0018 提取了 HI4,结果如图 3.6 所示,为了方便对比分析,对获取结果进行了归一化处理。锂离子电池的失效阈值设置为额定容量的 70%,即 1.4 Ah,由此可以获得容量和 HI 对应的寿命周期,结果如表 3.1 所示,其中 AE(absolute error)表示实际寿命周期和 HI 对应的寿命周期的绝对误差。

从图 3.6 可以看出,提取的 HI_4 能够较好地跟随实际的容量退化过程;但 B0005 的前 20 个 HI_4 数据与后面的数据的变化趋势误差较大,在模型训练的时候舍去前 20 组数据,而 B0018 的 HI_4 变化趋势不大。从表 3.1 可以看出,HI_1 对应的循环寿命与实际寿命的绝对误差在 B0005 中只有 5 个周期,然而在 B0018 中达到了 14 个周期,波动较大;而 HI_2 与 HI_1 类似。HI_4 对应的循环寿命与实际寿命的绝对误差在 B0005 和 B0018 中都小于 10 个周期,表明采用提出的融合型间接 HI 构建方法获得的 HI 能够更好地表征电池的健康状态。

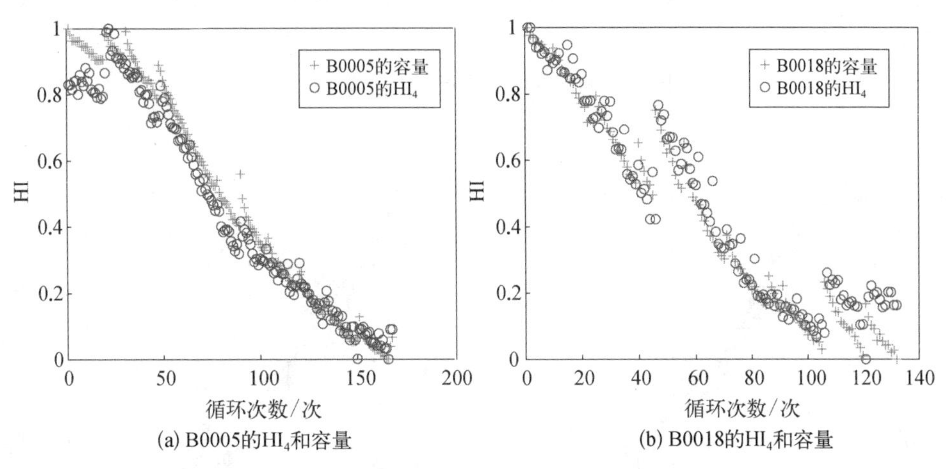

(a) B0005的HI$_4$和容量　(b) B0018的HI$_4$和容量

图 3.6　在线电池的 HI$_4$

表 3.1　不同间接 HI 对应的循环次数

电　池	实际循环次数/次	HI	循环次数/次	AE/次
B0005	124	HI_1	129	5
		HI_2	112	12
		HI_4	116	8
B0018	96	HI_1	82	14
		HI_2	90	6
		HI_4	98	2

2. 锂离子电池 RUL 间接预测结果分析

为了验证提出的优化的融合型间接 HI 的有效性，采用容量、HI_1、HI_2 和 HI_4 作为健康因子，采用 PSO－LS－SVM 算法作为预测算法进行动力锂离子电池 RUL 预测，其具体步骤如下。

（1）预测起点设置为 $T=110$ 次，分别采用容量、HI_1、HI_2、HI_3 作为健康因子，利用 PSO－LS－SVM 算法实现 B0005 的 RUL 预测，其中 HI_4 的预测的结果如图 3.7 所示。

（2）预测起点设置为 $T=85$ 次，分别采用容量、HI_1、HI_2、HI_3 作为健康因子，利用 PSO－LS－SVM 算法实现 B0018 的 RUL 预测，其中 HI_4 的预测的结果如图 3.8 所示。

（3）定量表达预测结果，如表 3.2 所示。

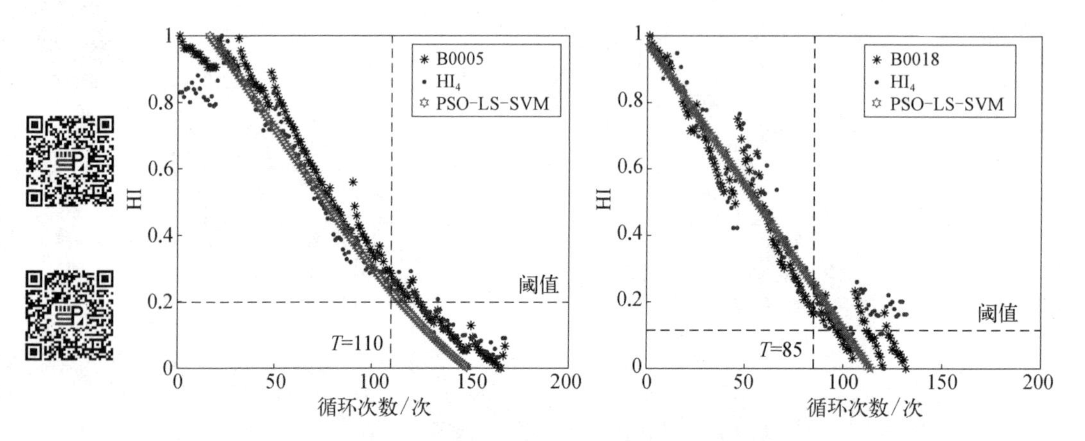

图 3.7 不同间接 HI 下 B0005 的 RUL 预测结果

图 3.8 不同间接 HI 下 B0018 的 RUL 预测结果

表 3.2 基于不同 HI 的锂离子电池 RUL 的间接预测结果

电　池	预测起点 T/次	HI	循环次数/次	实际 RUL/次	预测 RUL/次	AE/次
B0005	110	容量	124	14	19	5
		HI_1	129	19	14	5
		HI_2	112	2	0	2
		HI_4	116	6	3	3
B0018	85	容量	96	11	10	1
		HI_1	82	—	—	—
		HI_2	90	5	33	28
		HI_4	98	13	14	1

从图 3.7 和图 3.8 可以看出，采用 HI_4 进行 RUL 间接预测获得的预测曲线能够在短期内较好地拟合实际退化过程，表明基于 HI_4 和 PSO－LS－SVM 的锂

离子电池 RUL 预测方法能够实现 RUL 预测。对比分析表 3.2 中采用 PSO－LS－SVM 在不同 HI 下得到的 RUL 预测结果可以发现，采用 HI_4 预测的 RUL 的绝对误差比 HI_1 和 HI_2 更小；同时，在不同电池中采用 HI_4 预测的 RUL 的绝对误差变化较小，而 HI_1 和 HI_2 获得的结果的绝对误差变化较大，验证了本章方法的有效性。

3.4　本章小结

本章介绍了 SVM 的基本原理，详细探讨了 SVM 在锂离子电池 RUL 预测中的应用，同时针对锂离子电池实际应用中容量不易获取的问题，提出了一种基于融合型间接 HI 和 PSO－LS－SVM 的 RUL 间接预测方法。

从锂离子电池的充电特征参数中提取了两组间接 HI，通过线性组合和Box－Cox 变换建立了融合型间接 HI；对比分析了电池的间接 HI 全循环寿命周期与容量全循环寿命周期。结果表明，与单一间接 HI 相比，融合型间接 HI 能够更好地表征锂离子电池的健康状态。

利用 PSO 算法优化了 LS－SVM 的超参数，建立了 PSO－LS－SVM 算法，实现了 LS－SVM 超参数的自适应选择，提高了算法在锂离子电池 RUL 预测中的鲁棒性和精度。利用 PSO－LS－SVM 和锂离子电池退化数据分别建立了融合型间接 HI 与容量的关系模型、融合型间接 HI 的预测模型，通过外推预测模型得到了融合型间接 HI 的预测值，然后，利用预测值和 HI 与容量的关系模型，得到了容量的预测值，记录容量衰退到失效阈值的循环次数，实现了锂离子电池 RUL 预测。

利用实例数据进行了实验验证，并对比分析了基于单一间接 HI 的预测方法和基于融合型间接 HI 的预测方法在不同电池中的预测结果。实验结果表明，基于融合型间接 HI 与 PSO－LS－SVM 的锂离子电池 RUL 预测方法能够实现锂离子电池 RUL 预测，并且该方法与基于单一间接 HI 的预测方法相比具有更高的精度和鲁棒性，证明了本章方法的优越性。

参考文献

[1] 解冰.基于支持向量机的锂离子电池寿命预测方法研究[D].武汉：华中科技大学，2012.
[2] Klass V, Behm M, Lindbergh G. A support vector machine-based state-of-health estimation method for lithium-ion batteries under electric vehicle operation[J]. Journal of

Power Sources, 2014, 270(15): 262 - 272.
[3] Qin T C, Zeng S, Guo J B. Robust prognostics for state of health estimation of lithium-ion batteries based on an improved PSO-SVR model[J]. Microelectronics Reliability, 2015, 55(9): 1280 - 1284.
[4] Wang F K, Mamo T. A hybrid model based on support vector regression and differential evolution for remaining useful lifetime prediction of lithium-ion batteries[J]. Journal of Power Sources, 2018, 401: 49 - 54.
[5] 王树坤,黄妙华,刘安康,等.基于GA - SVR模型的锂离子电池剩余容量预测[J].汽车技术,2016(10): 53 - 56, 62.
[6] 王一宣,李泽滔.基于改进支持向量回归机的锂离子电池剩余寿命预测[J].汽车技术,2020(2): 28 - 32.
[7] Suykens J A, Vandewalle J. Least squares support vector machine classifiers[J]. Neural Processing Letters, 1999, 9(3): 293 - 300.
[8] Shu X, Li G, Shen J W, et al. A uniform estimation framework for state of health of lithium-ion batteries considering feature extraction and parameters optimization[J]. Energy, 2020, 204: 117957.
[9] Yang D, Wang Y J, Pan R, et al. State-of-health estimation for the lithium-ion battery based on support vector regression[J]. Applied Energy, 2018, 227: 273 - 283.
[10] Khumprom P, Yodo N. A data-driven predictive prognostic model for lithium-ion batteries based on a deep learning algorithm[J]. Energies, 2019, 12(4): 660.
[11] Pang X Q, Huang R, Wen J, et al. A lithium-ion battery RUL prediction method considering the capacity regeneration phenomenon[J]. Energies, 2019, 12(12): 2247.
[12] Liu D T, Song Y C, Li L, et al. On-line life cycle health assessment for lithium-ion battery in electric vehicles[J]. Journal of Cleaner Production, 2018, 199: 1050 - 1065.
[13] Li W H, Jiao Z P, Du L, et al. An indirect RUL prognosis for lithium-ion battery under vibration stress using Elman neural network[J]. International Journal of Hydrogen Energy, 2019, 44(23): 12270 - 12276.
[14] Wang Z K, Zeng S K, Guo J B, et al. State of health estimation of lithium-ion batteries based on the constant voltage charging curve[J]. Energy, 2019, 167: 661 - 669.
[15] Liu D T, Zhou J B, Liao H T, et al. A health indicator extraction and optimization framework for lithium-ion battery degradation modeling and prognostics[J]. IEEE Transactions on Systems Man & Cybernetics Systems, 2015, 45(6): 915 - 928.
[16] Liu Z Y, Zhao J J, Wang H, et al. A new lithium-ion battery soh estimation method based on an indirect enhanced health indicator and support vector regression in PHMs[J]. Energies, 2020, 13(4): 830.
[17] Yang D, Zhang X, Pan R, et al. A novel gaussian process regression model for state-of-health estimation of lithium-ion battery using charging curve[J]. Journal of Power Sources, 2018, 384: 387 - 395.

第 4 章

基于神经网络的锂离子电池剩余寿命预测

人工神经网络(ANN)一般由输入层、隐藏层和输出层组成,它通过模拟人脑处理信息的行为来建立某种简单模型,是一种典型的基于非线性方法的运算模型[1],已广泛应用于锂离子电池 RUL 预测。目前,在 RUL 预测中使用较多的 ANN 有反向传播(BP)神经网络[2]、极限学习机(ELM)神经网络[3]、长短期记忆(LSTM)神经网络[4]、Elman 神经网络[5]、深度神经网络(deep neural networks, DNN)[6]、卷积神经网络(convolutional neural network, CNN)[7]等。然而,ANN 在预测过程中的初始权值和隐藏层阈值都是随机生成的,容易造成局部最小值的问题。为了解决上述问题,陈则王等[8]将遗传算法引入极限学习机模型中提出了 GA - ELM 预测模型,优化了 ELM 的输入权值和隐藏层阈值,实验结果表明,GA - ELM 的预测性能优于 ELM。此外,PSO 算法[9]、模拟退化(simulate anneal, SA)算法[10]等在 ANN 的优化中取得了广泛应用并且取得了较好的效果。因此,本章主要研究神经网络在锂离子电池 RUL 预测中的应用。

4.1 神经网络概述

4.1.1 极限学习机

ELM 是一种使用单隐层前馈神经网络结构构建的机器学习方法,算法构建简单,即只需要设置隐含层神经元数目,模型训练速度快,且在处理非平稳数据时的表现较好[11]。ELM 算法可以运用于分类和回归方面,因其在回归方面的快速准确性能,被广泛应用于健康状态预测、价格分析等方面。ELM 算法结构如图 4.1 所示。

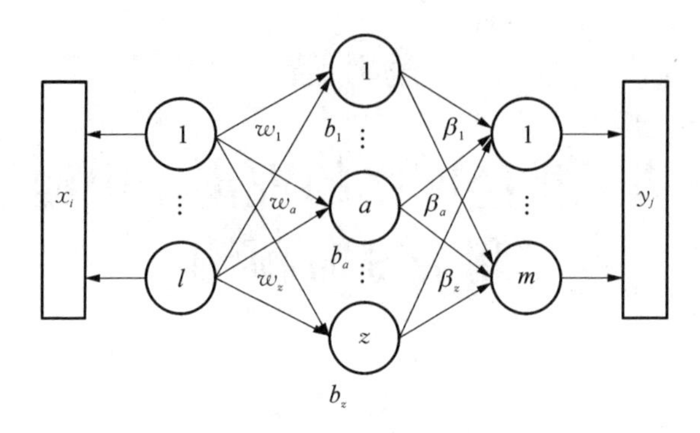

图 4.1　ELM 算法结构

对于任意的样本 (x_i, y_i)，其中 $x_i = [x_{i1}, x_{i2}, \cdots, x_{im}]^{\mathrm{T}} \in R^l$，$y_j = [y_{j1}, y_{j2}, \cdots, y_{jm}]^{\mathrm{T}} \in R^m$，算法可以这样描述：

$$y_j = \sum_{i=1}^{N} \beta_i g(x_i) = \sum_{i=1}^{l} \beta_i g(w_i \times x_i + b_i), \quad j = 1, \cdots, m \tag{4.1}$$

式中，$w_i = [w_{i1}, w_{i1}, \cdots, w_{il}]^{\mathrm{T}}$ 是输入层与隐含层的权值；$\beta_i = [\beta_{i1}, \beta_{i1}, \cdots, \beta_{im}]^{\mathrm{T}}$ 为隐含层到输出层的权值；g 为隐含层激活函数；b_i 为隐含层偏差。式(4.1)可以简化为

$$T = H\beta \tag{4.2}$$

$$H(w_1, \cdots, w_z, b_1, \cdots, b_z, x_1, \cdots, x_l) = \begin{pmatrix} g(w_1 x_1 + b_1) & \cdots & g(w_l x_1 + b_z) \\ \vdots & \ddots & \vdots \\ g(w_1 x_l + b_1) & \cdots & g(w_l x_l + b_z) \end{pmatrix} \tag{4.3}$$

$$\beta = \begin{bmatrix} \beta_1^{\mathrm{T}} \\ \vdots \\ \beta_z^{\mathrm{T}} \end{bmatrix}_{z \times m}, \quad T = \begin{bmatrix} t_1^{\mathrm{T}} \\ \vdots \\ t_m^{\mathrm{T}} \end{bmatrix}_{m \times m} \tag{4.4}$$

式中，H 是 ELM 网络对 $x_i = [x_{i1}, x_{i2}, \cdots, x_{im}]^{\mathrm{T}} \in R^l$ 的输出矩阵。通过设置隐藏神经元的个数可以使得 ELM 更加拟合训练样本。只要输入权重 w_i 和确定隐层偏置 b_i，通过加载训练集进行训练，就可以确定隐层输出矩阵，进而可以确定输出权重 β：

$$\hat{\beta} = H^{+} T \tag{4.5}$$

式中，H^{+} 为矩阵 H 的摩尔-彭若斯(Moore - Penrose)广义逆矩阵。得到β后，即完成了 ELM 的训练，然后使用训练集产生的 ELM 模型对其余样本进行测试[12]。

为验证基于 ELM 的锂离子电池剩余寿命预测方法的泛化性能，对 B0005 数据进行 5 次预测，在 5 次训练预测过程中，ELM 算法的预测结果不稳定，可信度不高。如图 4.2 所示，为由 5 次 80 组训练数据得到的预测结果。

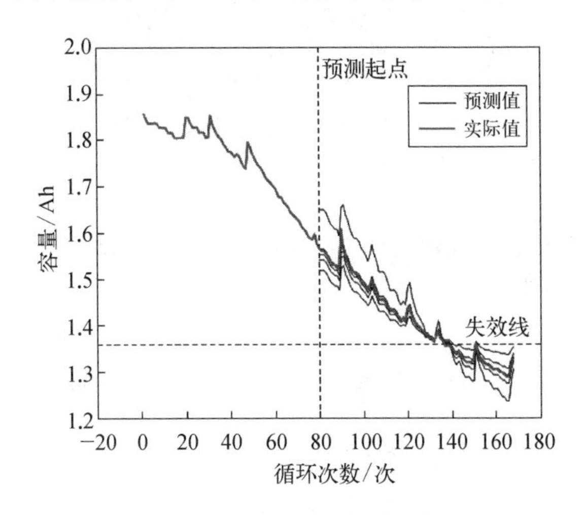

图 4.2　ELM 模型单独训练结果

从图 4.2 中可以看出，单独使用 ELM 方法的预测可靠性不高，预测结果频繁发生跳变现象，结果不稳定，经过分析是由于 ELM 方法在训练模型时输入权值和阈值是随机产生的，因此需要通过优化模型输入权值和阈值来提高预测结果的稳定性。

4.1.2　广义回归神经网络

广义回归神经网络(general regression neural network, GRNN)是径向基神经网络的一种[13,14]。对非线性问题，GRNN 具有较大优势，相比径向基网络，在追踪与学习速度上有更大优势，特别是在预测样本较少及数据不稳定的情况下，其预测效果较好。因此，GRNN 广泛应用于信号、结构分析及预测等方面。

GRNN 在结构上由 4 层组成，分别为输入层、模式层、求和层及输出层，输入

为 $X=[x_1, x_2, \cdots, x_n]^{\mathrm{T}}$，输出为 $Y=[y_1, y_2, \cdots, y_k]^{\mathrm{T}}$，其结构如图 4.3 所示。

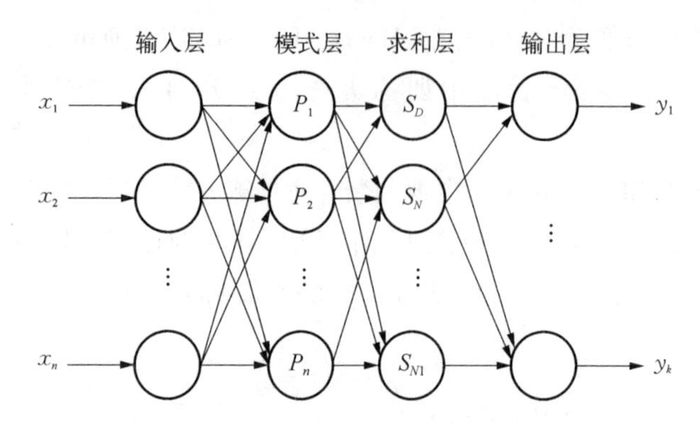

图 4.3　广义回归神经网络结构示意

1. 输入层

在 GRNN 网络模型中，输入层中的神经元数目等于输入样本的数量，直接将输入变量传递给模式层。

2. 模式层

模式层神经元对应不同的样本，数目等于学习样本的数量，其传递函数为

$$p_i=\exp\left[-\frac{(X-X_i)^{\mathrm{T}}(X-X_i)}{2\sigma^2}\right],\quad i=1, 2, \cdots, n \tag{4.6}$$

式中，X 为网络输入；X_i 为第 i 个神经元对应的学习样本，每个神经元的输出为对应样本 X 之间的欧几里得(Euclidean)距离平方的指数平方。

3. 求和层

求和层包含两种类型的神经元求和，第一类为对所有模式层神经元的输出进行求和，模式层与各神经元的连接权值为 1，计算公式为

$$\sum_{i=1}^{n}\exp\left[-\frac{(X-X_i)^{\mathrm{T}}(X-X_i)}{2\sigma^2}\right] \tag{4.7}$$

传递函数为

$$S_D=\sum_{i=1}^{n}P_i \tag{4.8}$$

第二类为对所有模式层的神经元进行加权求和，连接权值为模式层中第 i 个输出样本 Y_i 中的第 j 个元素，计算公式为

$$\sum_{i=1}^{n} Y_i \exp\left[-\frac{(X-X_i)^{\mathrm{T}}(X-X_i)}{2\sigma^2}\right] \tag{4.9}$$

传递函数为

$$S_{Nj}=\sum_{i=1}^{n} y_{ij}P_i \tag{4.10}$$

4. 输出层

输出层神经元个数等于输出样本的维数,神经元 i 对应的结果为

$$y_j=\frac{S_{Nj}}{S_D},\quad j=1,\ 2,\ \cdots,\ k \tag{4.11}$$

GRNN 的理论是基于非线性回归分析思想得到的,因此最终神经网络的输出是具有最大概率的。设随机变量 x 和 y, 其联合概率密度函数为 $f(x,\ y)$, 则 y 相对于已知量的输出为

$$Y=\frac{\int_{-\infty}^{+\infty} yf(x,\ y)\mathrm{d}y}{\int_{-\infty}^{+\infty} f(x,\ y)\mathrm{d}y} \tag{4.12}$$

从式(4.12)可以得到, Y 的估计值是样本 Y_i 的加权平均,权重因子则是 X_i 与 X 的 Euclidean 距离平方的指数数。通过调整 σ 的值,求取预测值 Y 时,对所有训练样本的因变量都加以考虑,与预测点距离近的样本点对应的因变量被赋予更大的权值。

4.1.3　卷积神经网络

卷积神经网络是一种带有卷积结构的深度神经网络,卷积结构可以减少深层网络占用的内存量,降低模型复杂度,使得模型更容易学习并且降低了模型过拟合的风险[15]。典型的卷积神经网络包含五部分[16],即输入层、卷积层、池化层、全连接层和输出层,如图 4.4 所示。

1. 卷积层

考虑一个大小为 5×5 的图像和一个 3×3 的卷积核。这里的卷积核共有 9 个参数,这种情况下,卷积核实际上有 9 个神经元,其输出又组成一个 3×3 的矩阵,称为特征图。第一个神经元连接到图像的第一个 3×3 的局部,第二个神经元则连接到第二个局部,如图 4.5 所示。

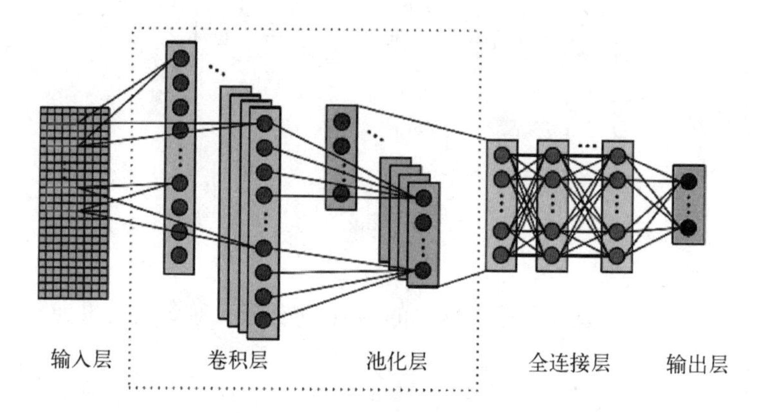

图 4.4 卷积神经网络结构

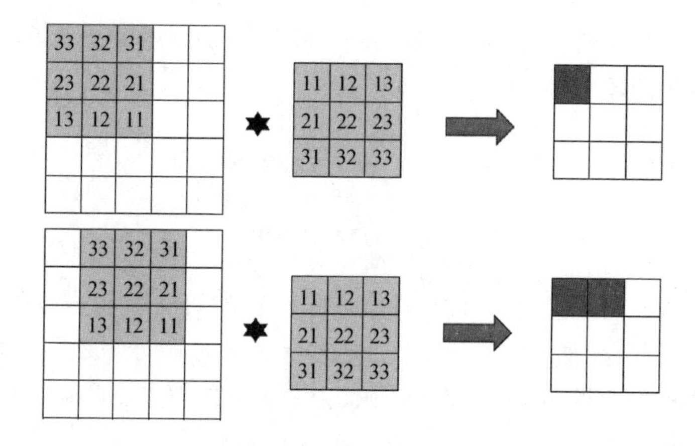

图 4.5 卷积过程示意图

2. 池化层

池化即下采样,目的是减少特征图。池化操作对每个深度切片独立,规模一般为 2×2,相对于卷积层进行卷积运算,池化层进行的运算一般有以下几种。

(1) 最大池化(Max Pooling):取 4 个点的最大值。这是最常用的池化方法。

(2) 均值池化(Mean Pooling):取 4 个点的均值。

(3) 高斯池化:借鉴高斯模糊方法。

最常见的池化层是规模为 2×2,步幅为 2,对输入的每个深度切片进行下采样。每个最大池化操作如图 4.6 所示。

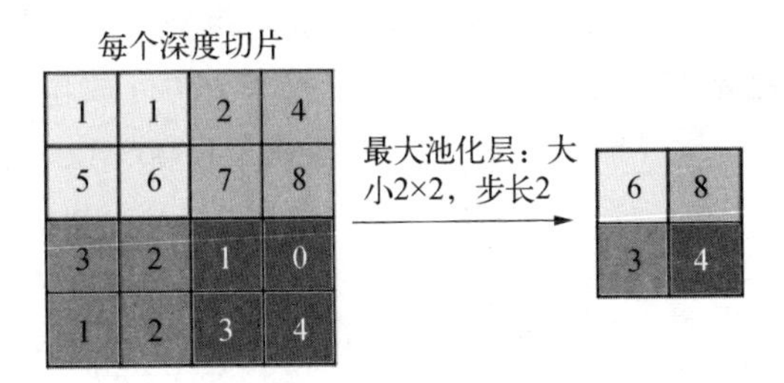

图 4.6　池化过程示意

3. 全连接层

卷积神经网络中的数据流在经过卷积层和池化层迭代计算至处理完成，数据将会进入全连接层进行数据输出处理。全连接层的功能是完成最终的分类任务，最终的输出通常为类别数目。

4.2　基于 WOA 优化 ELM 的锂离子电池剩余寿命预测方法

当前，锂离子电池剩余寿命预测方法中，与 BP 神经网络、SVM 相比，基于极限学习机的预测方法不仅易于实现，而且在处理非平稳数据时表现较好。实际工程应用中，锂离子电池剩余寿命预测的实时性与精度兼顾非常重要，传统的数据驱动方法需要通过足够样本数据用于学习锂离子电池容量的变化趋势，许多预测方法都需要通过离线数据训练来建立预测模型，训练耗费时间较长，预测精度虽满足要求，但实时性不强，存在锂离子电池剩余寿命预测实时性与精度无法兼顾的问题。针对该问题，本章提出了一种基于 WOA - ELM 的锂离子电池剩余寿命间接预测方法，通过提取电池等压充电时间作为锂离子电池间接健康因子，引入鲸鱼优化算法(whale optimization algorithm, WOA)对极限学习机算法的隐含层输入权值和阈值进行优化，以此来降低预测算法参数优化的复杂度，同时提高算法的预测精度，实现了锂离子电池剩余寿命实时间接预测。

4.2.1　锂离子电池老化数据

选用 NASA 艾姆斯研究中心的锂离子电池 B0005~B0018 数据集，电池型号参数为额定容量 2 Ah，额定电压 4.2 V。在室温下以 1.5 A 的恒定电流模式进行充电，直到电池电压达到 4.2 V，然后以恒定电压模式继续充电，直到充电电流降至 20 mA，以 2 A 的恒定电流（constant current，CC）进行放电，直到电池 B0005、B0006、B0007、B0018 的电压分别降至 2.7 V、2.5 V、2.2 V、2.5 V[17]。数据集包含的测量参数有：周期、环境温度、时间、电压、电流、容量、阻抗。重复的充电和放电循环会加速电池的老化，而阻抗测量则可以深入了解随着老化过程而变化的电池内部参数。当电池达到寿命终止标准时，即额定容量衰减 20%，实验停止。选择锂离子电池容量表征电池剩余寿命预测。B0005～B0018 的容量变化趋势如图 4.7 所示。

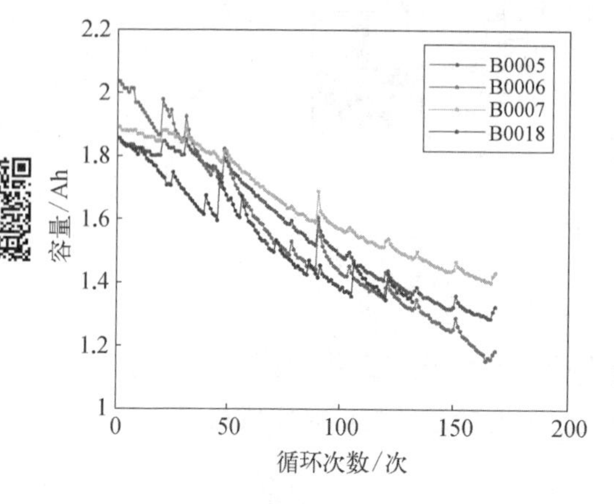

图 4.7 电池容量变化趋势（NASA）

4.2.2 WOA 的基本原理

WOA 是一种新颖的、受自然启发的元启发式优化算法，通过模拟座头鲸的狩猎行为，建立泡沫网搜索策略[18]。在座头鲸围猎时，会通过对鱼虾群位置的判断来移动位置并吐出气泡，将鱼虾群不断围绕在随自身位置变化吐出的气泡中，最终将鱼虾群锁定。座头鲸围猎示意图如图 4.8 所示。

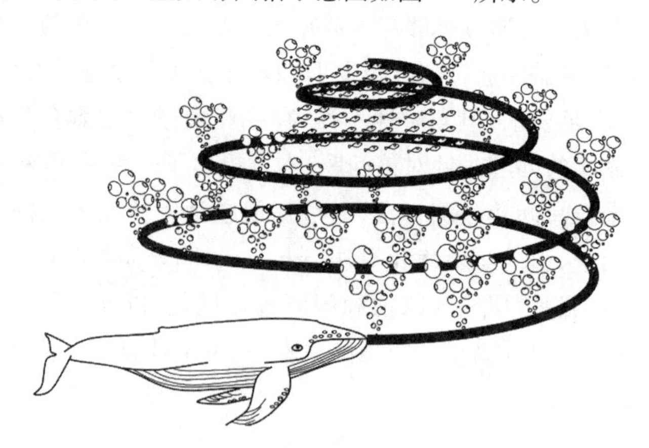

图 4.8 座头鲸围猎示意图

座头鲸捕猎的行为模式分为两种，分别是缩小搜索范围和随机搜索，缩小搜索范围如下所示：

$$D = |CX^*(t) - X(t)| \tag{4.13}$$

$$X(t+1) = \begin{cases} X^*(t) - AD \\ De^{bl}\cos(2\pi l) + X^*(t) \end{cases} \tag{4.14}$$

式中，t 为迭代的次数；X 为位置向量，代表座头鲸的位置；X^* 为每次迭代产生的最佳解，需要在每次迭代进行更新；A 和 C 为系数；b 为控制螺旋的范围；l 是介于−1~1 的随机数。

随机搜索是座头鲸寻找猎物的第二种方式，表达方式如下所示：

$$D = |CX_{\text{rand}} - X| \tag{4.15}$$

$$X(t+1) = X_{\text{rand}} - AD \tag{4.16}$$

A 和 C 的计算方法如下：

$$A = 2ar - a \tag{4.17}$$

$$C = 2r \tag{4.18}$$

式中，依据迭代次数，a 从 2 至 0 线性减小；r 是介于 0~1 的随机数。通过对两种搜寻方法等概率分配，以模拟座头鲸的真实行为模式，到达迭代最大次数时判定为搜寻结束。

4.2.3　健康因子构建

构建合适的锂离子电池运行参数作为间接健康因子会直接影响 RUL 的预测精度和预测模型的适用性，本章通过计算电池容量与电池运行参数的相关性，构建间接健康因子。研究发现，锂离子电池充电过程中，从低电压至高电压所经历的时间随循环次数的变化趋势与容量的衰减趋势一致。采用多种特征进行锂离子电池剩余寿命预测时，虽然能够提高模型的预测精度，但同时模型的复杂度也会成倍增加。依据现有研究[19,20]，从电池运行参数中提取等压充电时间的方式相比温度、内阻等参数的提取方式更加简单高效，并且与容量的相关性更高。因此，本节使用等压充电时间作为锂离子电池 RUL 预测的间接健康因子。在每次充电过程中，提取电池处于低电压与高电压的时间，计算差值作为等压充电时间，计算表达式如下：

$$\Delta T_i = |T_i^l - T_i^h|, \quad i = 1, 2, 3, \cdots, n \tag{4.19}$$

式中，ΔT 为等压充电时间；T_i^l 为第 i 次循环中低电压对应的时刻；T_i^h 为第 i 次循环中高电压对应的时刻；n 为锂离子电池的最大循环次数。因此，等压充电时间序列可以表示为

$$t_{\mathrm{HI}} = \{\Delta T_1, \Delta T_2, \Delta T_3, \cdots \Delta T_n\} \tag{4.20}$$

本节实验研究选用的低电压为 3.5 V,高电压位 3.9 V,提取相应的时间,得到每次循环的等压充电时间序列,如图 4.9 所示。

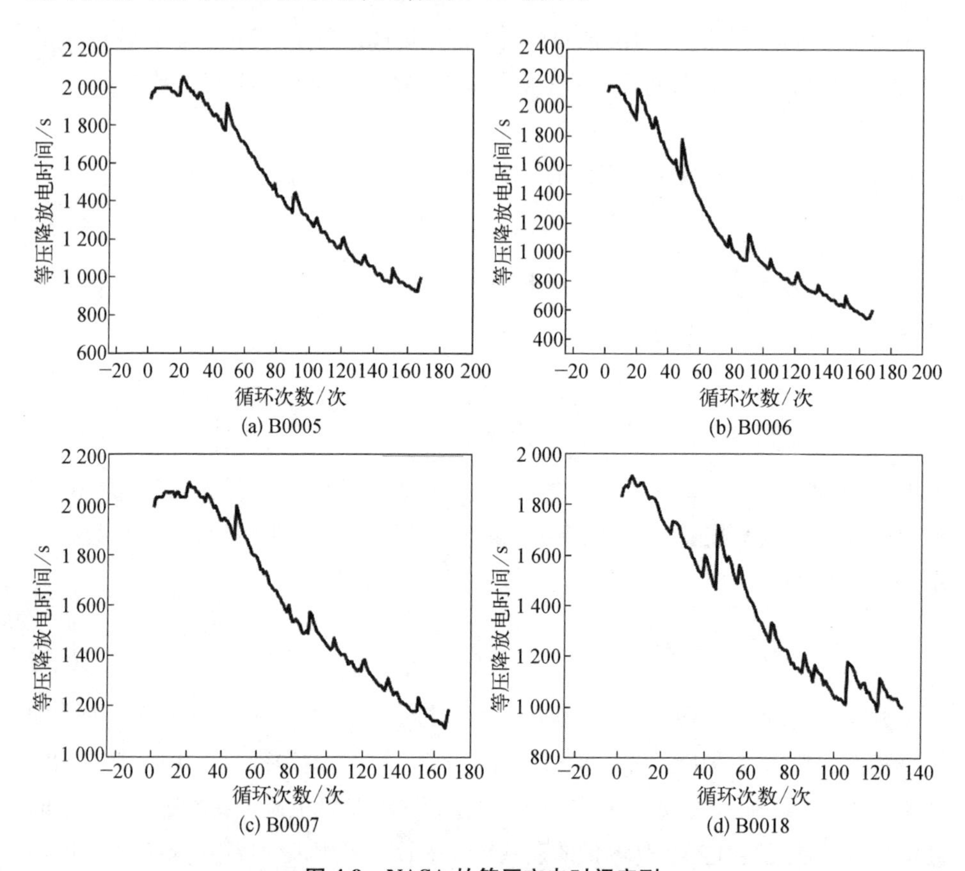

图 4.9 NASA 的等压充电时间序列

4.2.4 方法的具体实施步骤

针对 ELM 算法模型在训练过程中会随机产生输入权值和阈值随机,从而导致模型不稳定的问题[21],引入 WOA 优化 ELM 模型在训练过程中输入权值和阈值,以提高模型的预测实时性和精度。基于上述思路,提出了一种基于 WOA - ELM 的锂离子电池 RUL 预测方法,如图 4.10 所示,具体实现步骤如下。

第一步:构建锂离子电池间接健康因子,获取历史容量数据,即

$$T_{\mathrm{HI}} = \{\Delta T_1, \Delta T_2, \Delta T_3, \cdots, \Delta T_n\} \tag{4.21}$$

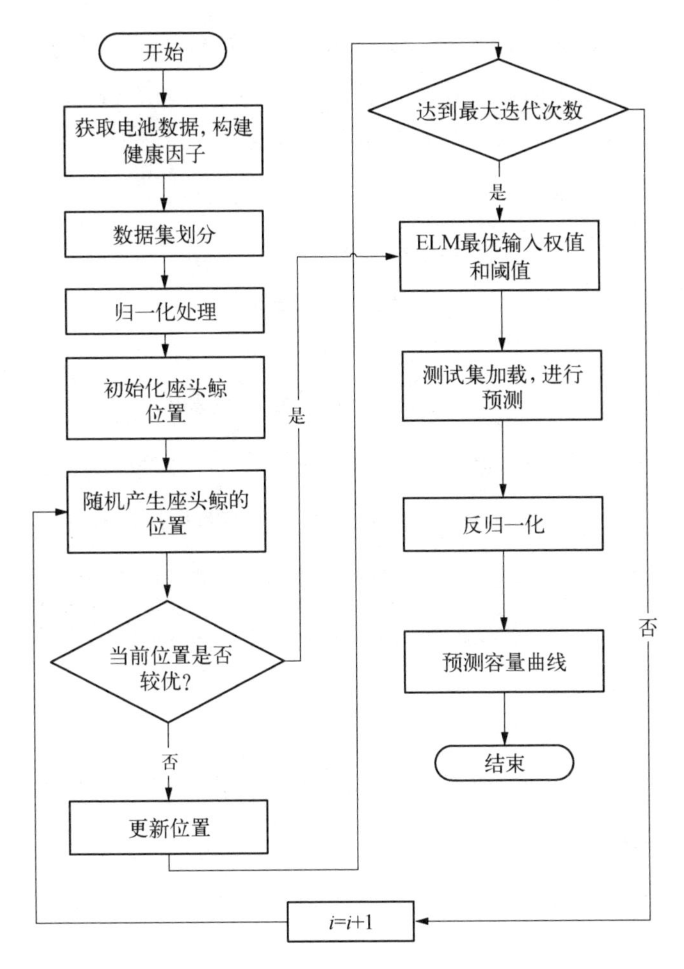

图 4.10　采用 WOA－ELM 对锂离子电池 RUL 进行预测的算法流程

$$R = \{R_1, R_2, R_3, \cdots, R_n\} \tag{4.22}$$

第二步：训练数据集归一化处理，将所有数据映射到 0～1，得到归一化的训练数据集 (t_{HI}, r)，即

$$\Delta t_i = \frac{\Delta T_i - \Delta T_{\min}}{\Delta T_{\max} - \Delta T_{\min}}, \quad i = 1, 2, \cdots, n \tag{4.23}$$

$$r_i = \frac{R_i - R_{\min}}{R_{\max} - R_{\min}}, \quad i = 1, 2, \cdots, n \tag{4.24}$$

第三步：载入训练数据 (t_{HI}, r)，初始化极限学习机参数隐含层数目设置为

3,激励函数为“sigmoid”,输入权值 w_i 和偏差 b_i, 鲸鱼种群数目为 30;使用 WOA 进行两参数的寻优,对两种搜寻方法进行等概率分配,到达迭代最大次数时判定为搜寻结束,获取最优输入权值 w 和偏差 b, 即

$$D = | Cw^*(t) - w(t) |, \quad D' = | Cb^*(t) - b(t) | \tag{4.25}$$

$$w(t+1) = \begin{cases} w^*(t) - AD \\ De^{bl}\cos(2\pi l) + w^*(t) \end{cases}$$
$$b(t+1) = \begin{cases} b^*(t) - AD' \\ De^{bl}\cos(2\pi l) + b^*(t) \end{cases} \tag{4.26}$$

$$D = | Cw_{\text{rand}} - w(t) |, \quad D = | Cb_{\text{rand}} - b(t) | \tag{4.27}$$

$$w(t+1) = w_{\text{rand}} - AD, \quad b(t+1) = b_{\text{rand}} - AD \tag{4.28}$$

第四步:载入新的等压充电时间归一化数据 t'_{HI} 进行预测,获得预测结果 r':

$$r' = \beta g(t'_{\text{HI}}) = \beta g(w \times t'_{\text{HI}} + b) \tag{4.29}$$

第五步:将预测结果 r' 进行反归一化处理,获得实际锂离子电池容量数据 R'。

第六步:统计到达失效阈值的循环次数,得到锂离子电池剩余寿命,对预测结果 R' 进行分析。

4.2.5 仿真分析

1. 评价指标

使用平均绝对误差(mean absolute error, MAE)和均方根误差(root-mean-square error, RMSE)作为评估标准:

$$\text{RMSE} = \sqrt{\frac{1}{n}\sum_{i}^{n}(Q_i - Q'_i)^2} \tag{4.30}$$

$$\text{MAE} = \frac{1}{n}\sum_{i}^{n}| Q - Q' | \tag{4.31}$$

式中, Q_i 为真实值,即锂离子电池实际容量; Q'_i 为预测容量值; n 为循环次数。当锂离子电池的容量降至失效阈值时,循环次数的实际值与预测值之间的误差定义如下:

$$E_r = | P_{\text{RUL}} - R_{\text{RUL}} | \tag{4.32}$$

$$\mathrm{PE}_r = \frac{|P_{\mathrm{RUL}} - R_{\mathrm{RUL}}|}{R_{\mathrm{RUL}}} \times 100\% \tag{4.33}$$

式中，P_{RUL} 为预测循环次数；R_{RUL} 为实际循环次数。

2. 健康因子构建结果分析

健康因子与容量数据的相关程度对锂离子电池 RUL 预测有较大影响，使用 SPSS 数据分析软件中的偏相关系数法对健康因子进行评估。偏相关系数分析是指在控制其他变量的线性影响下分析变量间的相关性，本章使用的电池相关参数为电压、容量和循环次数，因此评估健康因子使用一阶偏相关系数法，即控制电池循环次数，分析等压充电时间与容量的关系。偏相关系数的计算公式如下：

$$R = \frac{R'_{\mathrm{HI},\,Q} - R'_{\mathrm{HI},\,N}R'_{Q,\,N}}{\sqrt{1 - {R'_{\mathrm{HI},\,N}}^2}\sqrt{1 - {R'_{Q,\,N}}^2}} \tag{4.34}$$

式中，R' 为变量间的线性相关性；HI 表示健康因子；Q 表示电池容量；N 为循环次数。R' 的计算表达式如下：

$$R' = \frac{\sum (h_i - \bar{h})(g_i - \bar{g})}{\sqrt{\sum (h_i - \bar{h})^2 \sum (g_i - \bar{g})^2}} \tag{4.35}$$

式中，h_i 和 g_i 代表变量序列；$\bar{h}_i$ 和 $\bar{g}_i$ 代表变量序列平均值，变量间的线性相关性分为极强相关（R' 介于 0.8～1.0）、强相关（R' 介于 0.6～0.8）、中度相关（R' 介于 0.4～0.6）、弱相关（R' 介于 0.2～0.4）、极弱相关（R' 介于 0～0.2）和不相关（R' 为 0）。使用 SPSS 软件分析电池容量与电池等压充电时间的偏相关系数，得到的结果如表 4.1 所示。

表 4.1　容量与电池运行参数的偏相关分析

电 池 编 号	偏 相 关 系 数
B0005	0.998 3
B0006	0.994 5
B0007	0.998 5
B0018	0.997 8

由表4.1可得,等压充电时间可以作为锂离子电池容量间接预测的健康因子,即可以使用等充电时间对锂离子电池RUL进行预测。

3. 实验验证与结果分析

结合实际锂离子电池数据集,利用极限学习机预测方法、遗传优化极限学习机预测方法与鲸鱼优化极限学习机预测方法对性能进行对比,通过计算预测结果的MAE与RMSE对预测模型进行评价。具体实验验证过程如下。

(1) 选取B0005号锂离子电池数据前80组的等压充电时间与容量数据为训练集,ELM隐含层数目设置为3,激活函数为“sigmoid”;GA－ELM方法的染色体数目为30,交叉概率为0.9,变异概率为0.2;WOA－ELM方法中鲸鱼种群数目为30,将训练集分别载入ELM、GA－ELM、WOA－ELM方法进行训练,得到各方法的锂离子电池剩余寿命预测模型。

(2) 选取B0005号锂离子电池第81~168次循环的等压充电时间载入上述3种锂离子电池剩余寿命预测模型进行容量预测。

(3) 绘制B0005号锂离子电池的实际容量、基于ELM预测方法的预测结果、基于GA－ELM预测方法的预测结果及基于WOA－ELM预测方法的预测结果,如图4.11所示,其中图(b)为图(a)中各预测结果的局部放大图。

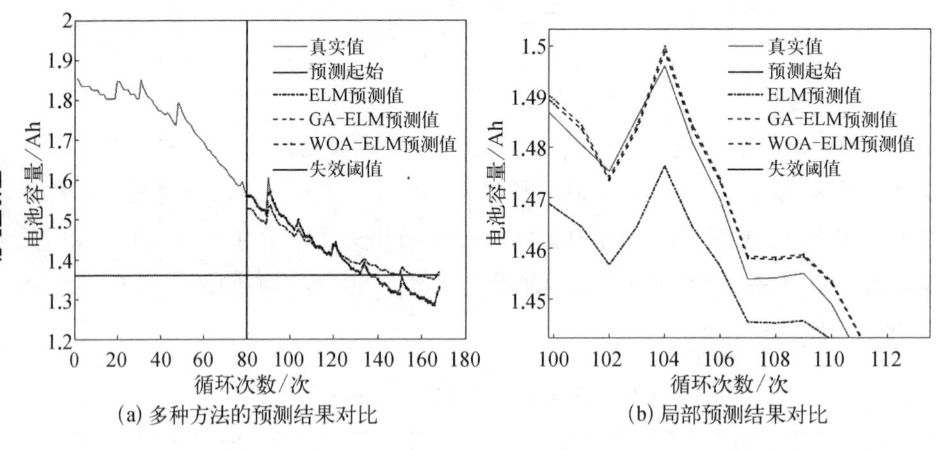

(a) 多种方法的预测结果对比

(b) 局部预测结果对比

图4.11 基于B0005的训练测试结果

(4) 提取B0006、B0007及B0018电池的等压充电时间,低电压与高电压设定值维持不变,根据电池初始容量,失效阈值设定为1.4 Ah,将等压充电时间加载进入电池容量衰减模型进行训练,预测得到各个数据下锂离子电池的实时预测结果,如图4.12所示。

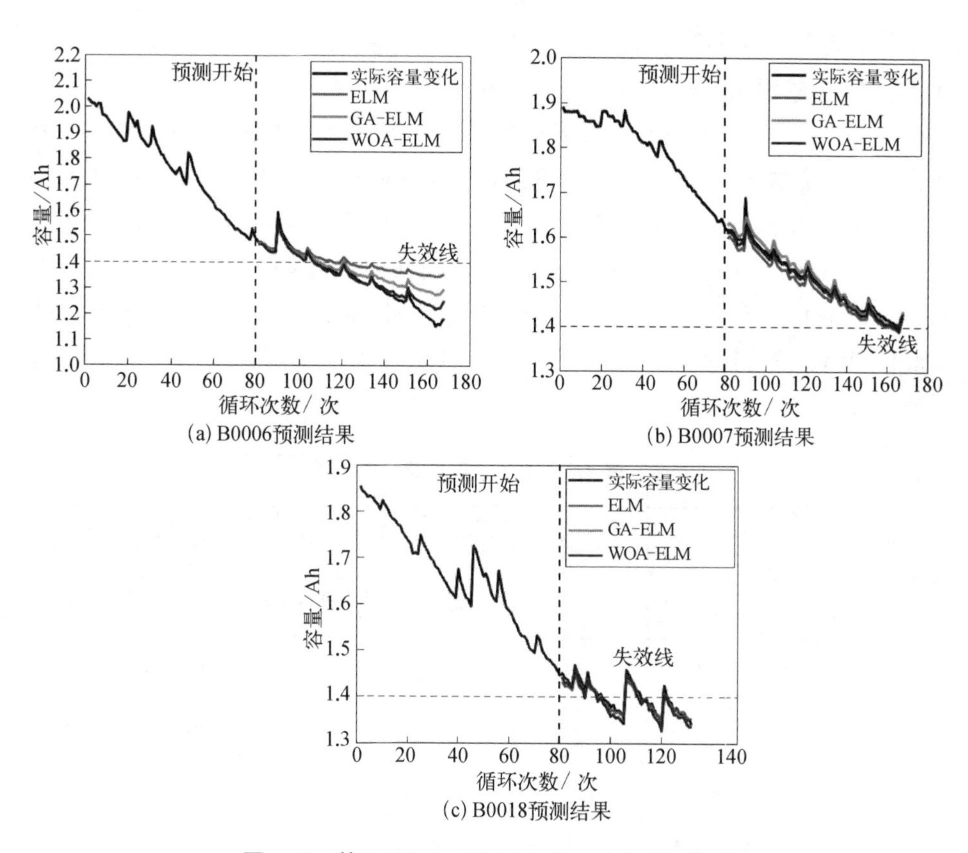

图 4.12　基于 WOA - ELM 预测方法的测试结果

(5) 定量表达所有剩余寿命预测结果,如表 4.2 和表 4.3 所示。

表 4.2　B0005 号锂离子电池预测结果误差分析

模　型	R_{RUL}/次	P_{RUL}/次	E_r/次	PE_r/%	RMSE	MAE	耗费时间/s
ELM	136	141	5	3.7	0.044	0.038	4.75
GA - ELM	136	137	1	0.7	0.026	0.024	4.64
WOA - ELM	136	137	1	0.7	0.018	0.017	3.42

从图 4.11 可以看出,基于 ELM 预测方法的预测结果偏差较大,基于 GA - ELM 与 WOA - ELM 的预测方法能够准确地对锂离子电池容量进行预测。再由图4.11(b) 可以看出,基于 WOA - ELM 的预测方法比基于 GA - ELM 的预测方

法更接近容量的实际变化趋势。从表 4.2 可以看出,基于 GA - ELM 与基于 WOA - ELM 的预测方法对锂离子电池 RUL 的预测结果与实际值相近,但是在 RMSE 及 MAE 两个误差指标上,基于 WOA - ELM 的预测方法误差更小,表明所提出的预测方法对容量跟踪地更加精确,耗费时间相比 ELM 与 GA - ELM 预测方法分别减少了 1.33 s 和 1.22 s,实时性分别提高了 28% 和 26%,表明基于 WOA - ELM 的锂离子电池 RUL 预测方法的实时性较强。从图 4.12 可以看出,基于 WOA - ELM 的预测结果与实际容量偏差较小,结合表 4.3 中的 RMSE、MAE 值可以得出,基于 WOA - ELM 的锂离子电池 RUL 预测方法具有更高的精度。

表 4.3 预测结果性能分析

数据编号	模 型	R_{RUL}/次	P_{RUL}/次	E_r/次	PE_r/%	RMSE	MAE
B0006	ELM	108	118	10	9.25	0.079	0.065
	GA - ELM	108	108	0	0	0.012	0.011
	WOA - ELM	108	108	0	0	0.009	0.008
B0007	ELM	—	—	—	—	0.003	0.009
	GA - ELM	—	—	—	—	0.001	0.001
	WOA - ELM	—	—	—	—	0.001	0.001
B0018	ELM	96	94	2	2.08	0.007	0.006
	GA - ELM	96	94	2	2.08	0.004	0.003
	WOA - ELM	96	95	1	1.04	0.002	0.002

4.3 本章小结

本章主要研究了神经网络在锂离子电池 RUL 预测中的应用。首先介绍了三种常见的神经网络,然后针对锂离子电池 RUL 预测存在的预测实时性与精度需提升的问题,提出了一种基于 WOA - ELM 算法的锂离子电池 RUL 间接实时预测方法。

利用锂离子电池充电过程中的电压、时间参数，提取了等压变化时间，并构建了间接预测健康因子；针对极限学习机训练模型输入参数随机产生而导致的预测跳变，利用 WOA 优化了 ELM 算法的输入参数，通过对 ELM 算法隐含层的输入权值和阈值进行寻优，提出了 WOA - ELM 算法，降低了参数寻优的复杂度，解决了极限学习机预测跳变问题；利用训练数据对 WOA - ELM 算法的隐含层输入参数进行更新，利用 WOA - ELM 建立了锂离子电池的等压充电时间与电池容量的关系模型，实现了锂离子电池 RUL 的间接实时预测。

采用 NASA 数据集进行了实验验证，对比分析了基于 ELM、GA - ELM 和 WOA - ELM 的预测方法对于不同锂离子电池的预测结果。实验结果表明，所提方法具有更高的预测精度和更好的实时性，证明了本章方法的有效性。

参考文献

[1] Yu L, Wang S Y, Lai K K, et al. A neural-network-based nonlinear metamodeling approach to financial time series forecasting[J]. Applied Soft Computing, 2009, 9(2): 563 - 574.

[2] 赵泽昆，韩晓娟，马会萌.基于 BP 神经网络的储能电池衰减容量预测[J].电器与能效管理技术，2016(19)：68 - 72.

[3] 丁阳征.基于 ELM 的锂离子电池剩余寿命预测方法研究[D].太原：中北大学，2019.

[4] 耿攀，许梦华，薛士龙.基于 LSTM 循环神经网络的电池 SOC 预测方法[J].上海海事大学学报，2019，40(3)：120 - 126.

[5] Li W H, Jiao Z P, Du L, et al. An indirect RUL prognosis for lithium-ion battery under vibration stress using Elman neural network [J]. International Journal of Hydrogen Energy, 2019, 44(23): 12270 - 12276.

[6] Khumprom P, Yodo N. A data-driven predictive prognostic model for lithium-ion batteries based on a deep learning algorithm[J]. Energies, 2019, 12(4): 660.

[7] Ren L, Dong J B, Wang X K, et al. A data-driven auto-CNN-LSTM prediction model for lithium-ion battery remaining useful life[J]. IEEE Transactions on Industrial Informatics, 2020, 17(5): 3478 - 3487.

[8] 陈则王，李福胜，林娅，等.基于 GA - ELM 的锂离子电池 RUL 间接预测方法[J].计量学报，2020，41(6)：735 - 742.

[9] 刘子英，钱超，朱琛磊.基于 IPSO - Elman 的锂电池剩余寿命预测[J].现代电子技术，2020，43(12)：100 - 105.

[10] 徐元中，曹翰林，吴铁洲.基于 SA - BP 神经网络算法的电池 SOH 预测[J].电源技术，2020，44(3)：341 - 345.

[11] Huang G B, Zhu Q Y, Siew C K. Extreme learning machine: theory and applications[J]. Neurocomputing, 2006, 70(3): 489 - 501.

[12] 董庆，李本威，闫思齐，等.基于 BSO - ELM 的涡轴发动机加速过程性能参数预测[J].系统工程与电子技术，2021，43(8)：2181 - 2188.

[13] Specht D F. A general regression neural network [J]. IEEE Transactions on Neural

Networks, 1991, 2(6): 568-576.
[14] 张淑清,任爽,姜安琦,等.PCA-GRNN在综合气象短期负荷预测中的应用[J].计量学报,2017,38(3): 340-344.
[15] 梁海峰,袁芃,高亚静.基于CNN-Bi-LSTM网络的锂离子电池剩余使用寿命预测[J].电力自动化设备,2021,41(10): 213-219.
[16] 李超然,肖飞,樊亚翔,等.基于卷积神经网络的锂离子电池SOH估算[J].电工技术学报,2020,35(19): 4106-4119.
[17] 张吉宣.锂离子电池剩余寿命预测方法研究[D].太原: 中北大学,2018.
[18] Mirjalili S, Lewis A. The whale optimization algorithm[J]. Advances in Engineering Software, 2016, 95: 51-67.
[19] 张金国,王小君,朱洁,等.基于MIV的BP神经网络磷酸铁锂离子电池寿命预测[J].电源技术,2016,40(1): 50-52.
[20] 顾燕萍,赵文杰,吴占松.最小二乘支持向量机的算法研究[J].清华大学学报: 自然科学版,2010(7): 1063-1066.
[21] 律方成,刘怡,亓彦珣,等.基于改进遗传算法优化极限学习机的短期电力负荷预测[J].华北电力大学学报(自然科学版),2018,45(6): 1-7.

第 5 章

现场退化数据不足时的锂离子电池剩余寿命长期预测

现场退化数据就是用于训练模型的训练集,因此与预测模型的建立直接相关,由于锂离子电池是一个非线性系统,当退化数据不足时,一般无法建立准确的预测模型。此外,一些锂离子电池在前期和后期的退化特征差异十分明显,如马里兰大学先进生命周期工程中心(Center for Advanced Life Cycle Engineering,CALCE)公开的数据。少量的锂离子电池退化数据不会包含后期锂离子电池的退化特征,导致建立的模型无法拟合后期加速退化过程。Hu 等[1]在其发表的锂离子电池 RUL 预测方法综述中将实现锂离子电池 RUL 早期预测作为未来挑战之一,因此研究如何实现现场退化数据不足下的锂离子电池 RUL 预测对实现锂离子电池的管理具有重要意义。

5.1 问题分析

当现场退化数据不足时,如下两个因素导致了 RUL 预测困难[2-6]:用于模型训练或参数更新的数据较少,导致很难建立准确的预测模型;一些锂离子电池具有明显的后期加速退化特征,当现场退化数据较少时,训练集不能包含锂离子电池后期的退化特征,因此建立的预测模型无法准确预测后期的加速退化阶段。

锂离子电池 RUL 的预测方法可以分为三类[7]:基于模型的 RUL 预测方法、基于数据驱动的 RUL 预测方法和基于融合的 RUL 预测方法。其中,基于模型的 RUL 预测方法中易于实现的是基于经验模型和滤波方法的预测方法[8-10]。例如,Zhang 等[11]提出了一种基于指数经验模型和 PF 算法的 RUL 预测方法,使用 PF 算法进行模型参数的更新,实现了锂离子电池 RUL 预测的不确定性表达并给出了两种预测算法的评价指标。然而,基于经验模型和 RF 算法的 RUL 预测方法只适合短期预期,长期预测精度不高[12]。基于数据驱动的 RUL 预测方法中常用的有支持向量机(SVM)[13]、相关向量机(RVM)[14]、神经网络(neural networks, NN)[15]、高斯过程回归(GPR)[16]等。该方法需要一定的数据量来训练模型,而长期预测中训练集的数据相对较少,训练集包含的电池退化特征就较少,通过训练集训练出来的模型不能很好地拟合电池的退化过程,同时训练数据过少也会导致过拟合的情况发生。因此,一些常见的 RUL 预测方法不适合用于锂离子电池 RUL 长期预测。

本章针对上述问题,提出了两种锂离子电池 RUL 预测方法,方法一通过结合历史退化数据构建新的健康因子,并利用改进的 LS - SVM 实现了锂离子电池在现场退化数据不足时的 RUL 长期预测;方法二通过增加训练集样本数量和构建多步预测模型,分别实现锂离子电池 RUL 中期和后期预测,从而提高了长期预测精度。

5.2 基于经验模型与 LS - SVM 的锂离子电池剩余寿命预测方法

5.2.1 健康因子构建

1. 锂离子电池退化特征分析

本章利用 NASA 和 CALCE 的锂离子电池退化数据分析锂离子电池退化特征,其中两个数据集如图 5.1 所示。NASA 数据集中锂离子电池的额定容量为 2 Ah,实验过程如下:

(1) 恒流(1.5 A)充电,直到电压上升到 4.2 V,然后变为恒压充电,直到电流下降到 0.02 A;

(2) 恒流(2 A)放电,直到 B0005、B0006、B0007、B0018 的电压分别下降到 2.7 V、2.4 V、2.2 V、2.5 V。

CALCE 数据集中锂离子电池的额定容量为 1.1 Ah,实验过程如下:

(1) 恒流(0.55 A)充电,直到电压上升到 4.2 V,然后变为恒压充电,直到电流下降到 0.05 A;

(2) 恒流(1.1 A)放电,直到电压下降到 2.7 V。

从图 5.1 可以看出,同一系列电池的整体退化趋势是相同的,NASA 系列电池的线性特性和再生现象明显,CALCE 系列电池在早期具有明显的线

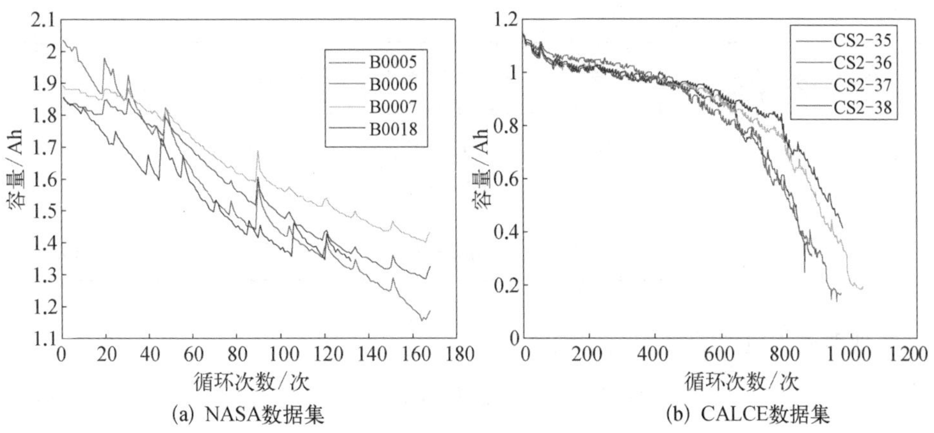

(a) NASA数据集　　(b) CALCE数据集

图 5.1　锂离子电池退化数据集

性退化特征,后期呈现出明显的加速退化特征。同时,由于外界环境的影响,同系列电池的实际退化数据存在小幅度差异,因此本节将电池容量分为两部分:理想容量和偏差容量。理想容量定义为同系列锂离子电池的整体退化趋势中每个循环所对应的容量;偏差容量是指实际容量与理想容量之间的差值。

2. 构建偏差容量

Sun 等[17]指出,三阶多项式模型能够较好地拟合锂离子电池的退化趋势,因此本节采用该模型拟合 NASA 和 CALCE 数据集,三阶多项式模型如下:

$$Q_k = ak^3 + bk^2 + ck + d \tag{5.1}$$

式中,Q_k 代表第 k 次循环时电池的容量;a、b、c、d 代表模型的四个参数。本章利用 B0006 和 B0007 的退化数据来建立 NASA 的理想退化模型,利用 CS2－35 和 CS2－38 建立 CALCE 的理想退化模型。首先利用三阶多项式模型拟合上述电池的退化数据,模型参数如表 5.1 所示。

表 5.1　模 型 参 数

编　号	a	b	c	d
B0006	-4.70×10^{-8}	2.76×10^{-5}	−0.008 549	2.063
B0007	1.72×10^{-7}	-3.98×10^{-5}	−0.000 95	1.896
均值	6.235×10^{-8}	-6.09×10^{-6}	−0.004 75	1.979 5

续　表

编　号	a	b	c	d
CS2－35	-3.29×10^{-9}	3.02×10^{-6}	−0.001 023	1.116
CS2－38	-2.12×10^{-9}	2.31×10^{-6}	−0.000 947	1.122
均值	-2.71×10^{-9}	2.662×10^{-6}	−0.000 99	1.119

则锂离子电池的理想退化模型为

$$Q_k^I = a_m k^3 + b_m k^2 + c_m k + d_m \tag{5.2}$$

式中，Q_k^I 代表第 k 次循环时电池的理想容量；a_m、b_m、c_m、d_m 代表参数的均值。NASA 和 CALCE 系列电池的理想退化模型如图 5.2 所示，从图中可以发现，理想退化模型能够较好地反映系列电池的整体退化过程，特别是在 CALCE 电池中。

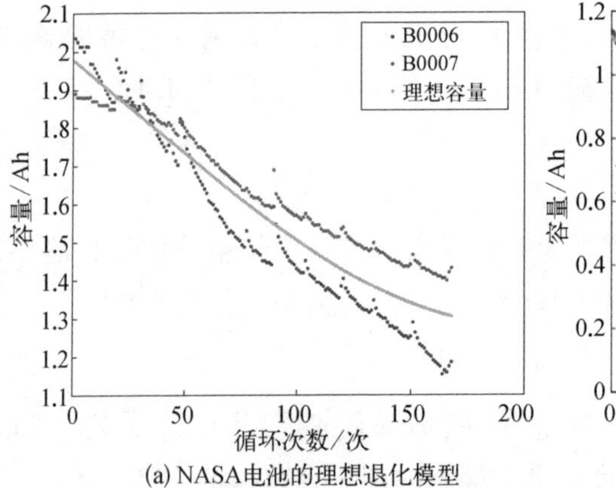

(a) NASA电池的理想退化模型

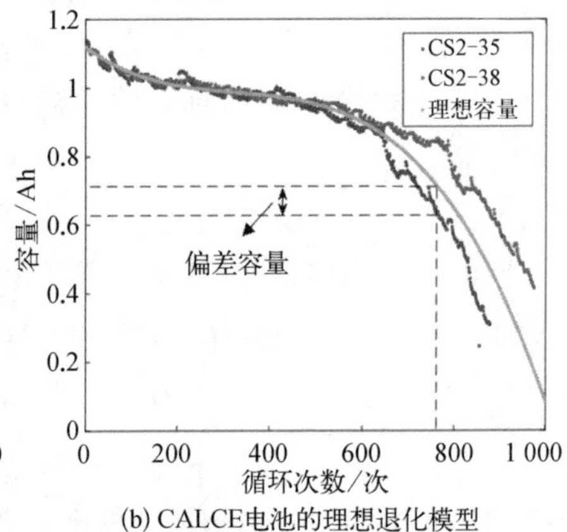

(b) CALCE电池的理想退化模型

图 5.2　锂离子电池的理想退化模型

则锂离子电池的偏差容量为

$$Q_k^D = Q_k - Q_k^I \tag{5.3}$$

式中，Q_k 代表第 k 次循环时电池的实际容量。

图 5.2(b) 中具体展示了实际容量、偏差容量和理想容量之间的关系。理想退化模型由电池的历史退化数据构建，因此可以作为先验信息用于 RUL 预测，从而提高现场退化数据不足时锂离子电池 RUL 长期预测的精度。

图 5.3 展示了构建的偏差容量，从图中可以发现，偏差容量没有包含电池的整

体退化趋势,因此数据的波动更小。在 CALCE 电池中,偏差容量的变化趋势在前期和后期相差不大,避免了采用容量预测 RUL 时出现的后期加速退化现象。

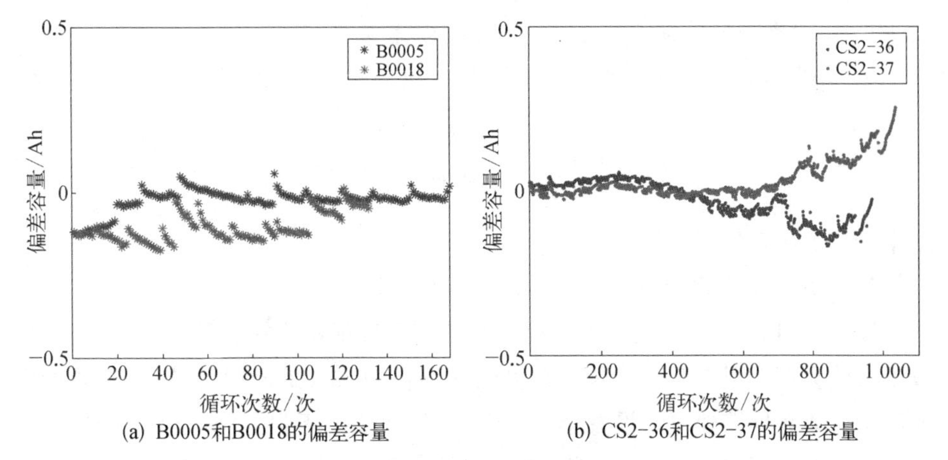

(a) B0005和B0018的偏差容量　　(b) CS2-36和CS2-37的偏差容量

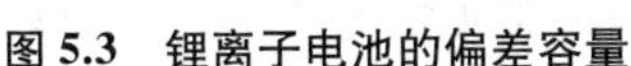
图 5.3　锂离子电池的偏差容量

5.2.2　优化最小二乘支持向量机

最小二乘支持向量机(LS-SVM)的原理在章节 3.1.2 进行了详细介绍,因此本章重点介绍差分进化(DE)的原理和多核 LS-SVM 的构建方法。

1. *差分进化算法*

差分进化算法是一种基于群体智能的随机优化算法,其过程可以归纳为四个步骤。

第一步: 初始化,即

$$x_{i,0}^{j}=x_{\min}^{j}+(x_{\max}^{j}-x_{\min}^{j})\cdot \text{rand} \tag{5.4}$$

式中, j 代表维数; $x_{i,0}$ 代表第 0 代的第 i 个个体; $x_{\max}$ 和 $x_{\min}$ 代表求解问题的上下限; rand 代表[0, 1]范围的随机数。

第二步: 变异,即

$$V_{i,t}=X_{r1,t}+F(X_{r2,t}-X_{r3,t}) \tag{5.5}$$

式中, $X_{r1,t}$、$X_{r2,t}$、$X_{r3,t}$ 代表三个随机选择的个体; F 代表比例因子,取值范围为[0, 1]; V 代表通过变异得到的个体。

第三步: 交叉。交叉运算包括二项式交叉法和指数交叉法,这里介绍二项式交叉法,即

$$u_{i,t}^{j}=\begin{cases}x_{i,t}^{j}, & \text{rand} > \text{CR}, j \neq j_{\text{rand}} \\ v_{i,t}^{j} & \text{其他}\end{cases} \tag{5.6}$$

式中，CR 代表交叉概率；j_{rand} 代表[0,D]的随机整数。

第四步：选择。利用贪心选择机制在 x_i 和 u_i 中进行选择来产生下一代个体：

$$X_{i,t+1}=\begin{cases}U_{i,t}, & f(U_{i,t}) \leqslant f(X_{i,t}) \\ X_{i,t}, & \text{其他}\end{cases} \tag{5.7}$$

式中，$f(x)$ 代表目标函数。

2. *差分进化优化的多核最小二乘支持向量机*

LS-SVM 的性能与正则化参数 γ 和核函数带宽 σ 直接相关，如果通过人为设置参数会存在以下几个问题：无法保证设置的参数是最优的；针对不同的电池容量退化数据需要重新设置参数，算法的泛化能力不强。LS-SVM 的性能还与核函数的选择有关，当前最常见的是单核 LS-SVM，但不同的核函数对不同的数据适应性不同，这导致单核 LS-SVM 算法的稳定性不高。因此，本章对 LS-SVM 算法的改进主要从两个方面进行。

1）核函数线性组合

多个核函数的线性组合可以综合各个核函数的优点，例如，高斯核函数的非线性表达能力强，可以捕捉电池退化过程中的局部非线性变化趋势，而线性核函数可以捕获电池退化的全局单调递减趋势。因此，本章提出两种核函数的组合方法。

组合 1：高斯核函数与多项式核函数的线性组合，即

$$K(x, z)=\alpha K_g+(1-\alpha)K_d \tag{5.8}$$

组合 2：高斯核函数与线性核函数的线性组合，即

$$K(x, z)=\alpha K_g+(1-\alpha)K_x \tag{5.9}$$

式中，α 是需要优化的参数，本章采用 DE 方法进行优化，它代表高斯核函数的比重。

2）DE 算法优化输入参数

采用 DE 算法优化 LS-SVM 的输入参数，重点是为 DE 构建一个合适目标函数，在回归问题中，常采用预测结果与实际值之间的均方根误差来评估预测方法的性能，因此本章也采用均方根误差作为 DE 的目标函数。同时，为了避免优化后的 LS-SVM 模型出现过拟合的现象，在目标函数的计算过程中采用了 k 折交叉验证的方法。采用 DE 算法优化 LS-SVM 参数的步骤如下。

第一步：将数据集 $\{(X, Y)\}$ 分为 $\{(x_i, y_i)\}_{i=1}^{k}$。

第二步：$\{(x_i, y_i)\}_{i=1}$ 作为验证集 $\{(X_v, Y_v)\}$，其余组成训练集 $\{(X_t, Y_t)\}$。

第三步：将 $\{(X_t, Y_t)\}$ 代入 LS－SVM 得到回归模型，然后将 $\{X_v\}$ 代入模型得到预测值，计算预测数据与验证集数据的均方根误差，即

$$\mathrm{RMSE} = \sqrt{\frac{1}{n}\sum_{i=1}^{n}\left[Y_p(i) - Y_v(i)\right]^2} \tag{5.10}$$

式中，Y_p 代表预测数据。

第四步：令 $i = i + 1$，判断 $i > k$ 是否成立。如果不成立，则返回第二步。

第五步：计算 k 个均方根误差的均值，即

$$\mathrm{RMSE}_m = \frac{1}{k}\sum_{i=1}^{k}\mathrm{RMSE}(i) \tag{5.11}$$

式中，RMSE_m 为 PSO－LS－SVM 算法目标函数的计算结果。其中，k 的取值一般大于等于 3，如果训练集数据过少，k 也可以取值为 2，本章中取值为 3。由此，通过引入 DE 和多核函数优化了 LS－SVM，构建了基于差分进化的多核最小二乘支持向量机，记为 DE－MKLS①－SVM，算法流程如图 5.4 所示。

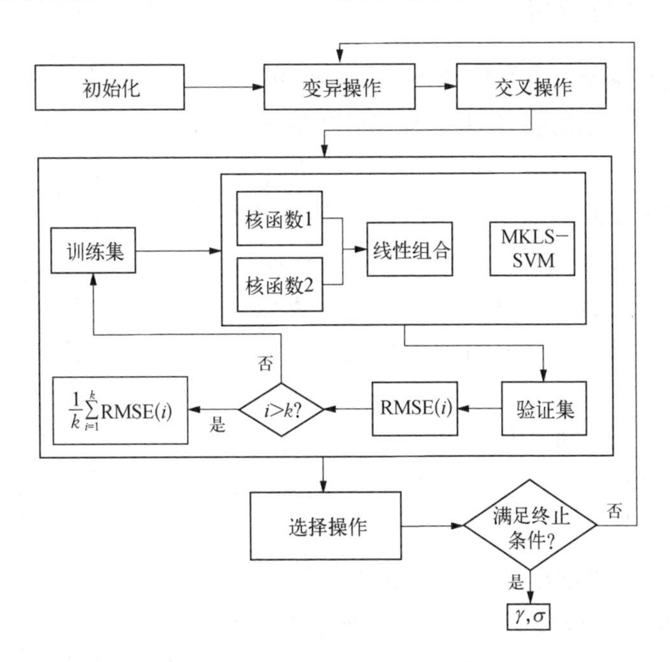

图 5.4　DE－MKLS－SVM 算法流程

① MKLS 表示多核最小二乘（multi-kernel least squares）。

5.2.3 方法的具体实施步骤

基于经验模型和 DE-MKLS-SVM 的锂离子电池 RUL 预测方法的实现过程如下。

第一步：利用三阶多项式模型拟合锂离子电池的历史退化数据，构建理想退化模型。

第二步：根据偏差容量的定义提取锂离子电池的偏差容量。

第三步：设置起点，取起点前的偏差容量作为训练集。然后将训练集输入 DE-MKLS-SVM 算法中，得到偏差容量的预测模型。

第四步：根据上述模型计算偏差容量预测值，再加上理想容量，得到锂离子电池实际容量预测值。

第五步：计算锂离子电池的 RUL。

则基于经验模型和 DE-MKLS-SVM 的锂离子电池 RUL 预测方法流程如图 5.5 所示。

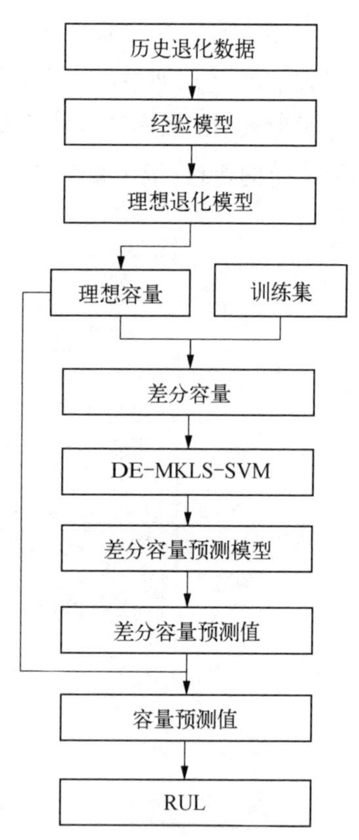

图 5.5 基于经验模型和 DE-MKLS-SVM 的锂离子电池 RUL 预测算法流程框图

5.2.4 仿真分析

为了验证提出方法的有效性，采用 B0018 和 CS2-37 的退化数据进行实验验证，具体实验过程如下。

(1) 设置预测起点为 $T=55$，预测起点前的数据为训练集，之后的数据为验证集。采用提出的方法、基于经验模型和 LS-SVM 的方法对 B0018 电池进行 RUL 预测，结果如图 5.6(a)所示。

(2) 设置预测起点为 $T=70$，采用与(1)中相同的方法对 B0018 电池进行 RUL 预测，结果如图 5.6(b)所示。

(3) 设置预测起点为 $T=400$ 和 $T=500$，采用与(1)中相同的方法对 CS2-37 电池进行 RUL 预测，结果如图 5.7 所示。

(4) 使用绝对误差(AE)对预测结果进行评价，结果如表 5.2 所示。

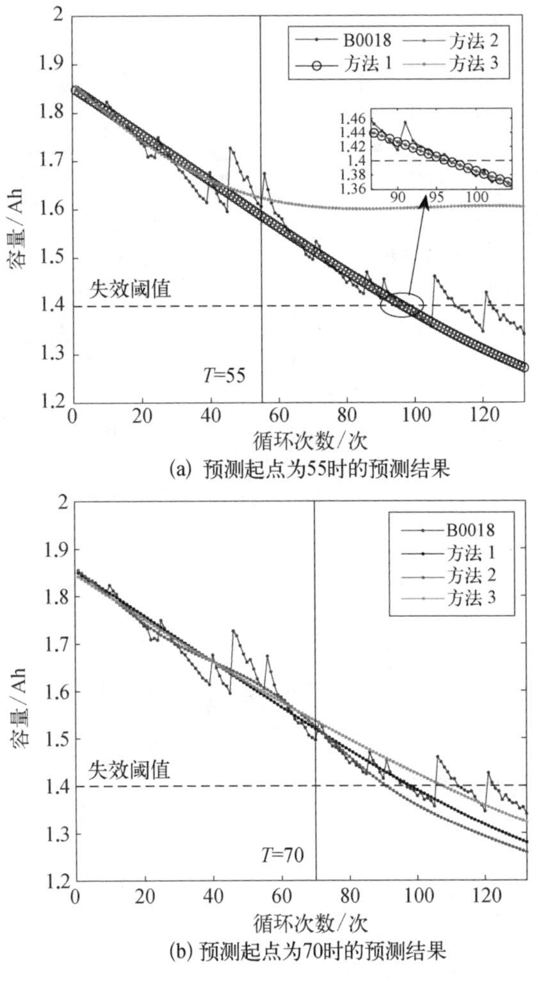

(a) 预测起点为55时的预测结果

(b) 预测起点为70时的预测结果

图 5.6　B0018 的预测结果

本章提出的方法有两种，主要是由于多核 LS－SVM 中核函数的组合方法不同，为了便于描述，本章将基于经验模型和 DE－MKLS－SVM 的 RUL 预测方法命名为混合方法 1 和混合方法 2。其中，混合方法 1 中的 DE－MKLS－SVM 核函数采用高斯核函数与三阶多项式核函数的线性组合，混合方法 2 中的 DE－MKLS－SVM 核函数采用高斯核函数与线性核函数的线性组合。将基于经验模型和 LS－SVM 的方法称为混合方法 3。

从图 5.6 和图 5.7 中可以看出，三种锂离子电池 RUL 预测结果能够较好地拟合电池的实际退化趋势。在不同预测起点，三种方法在电池 B0018 和 CS2－37 中

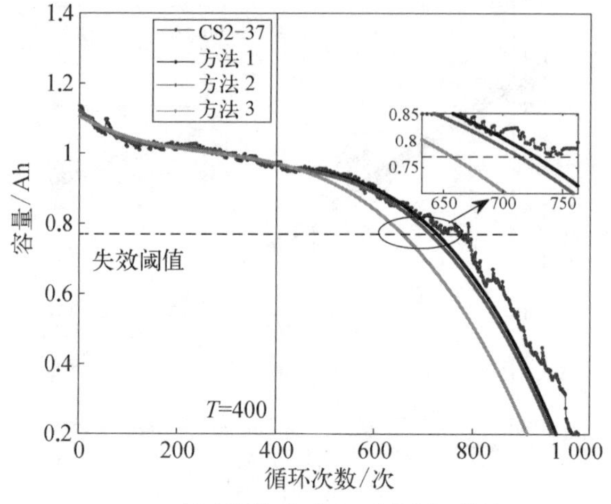

(a) 预测起点为400时的预测结果

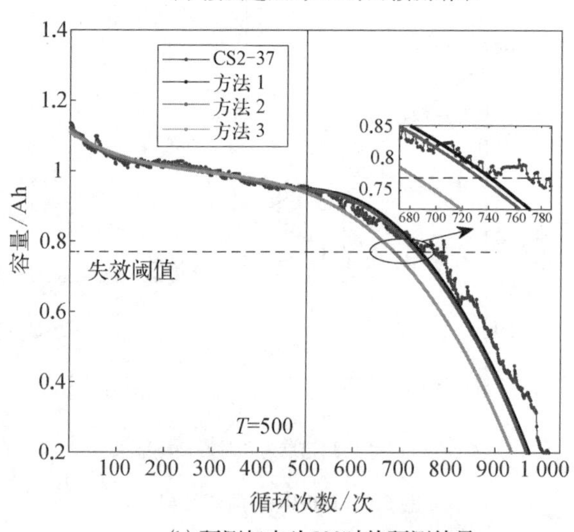

(b) 预测起点为500时的预测结果

图 5.7　CS2－37 的预测结果

都取得了稳定的预测效果,并且预测曲线在后期依然能够与实际退化过程保持相似的退化趋势,表明上述三种方法均能够应用于锂离子电池 RUL 长期预测。对比表 5.2 的预测结果可以发现,在电池 B0018 和 CS2－37 中,本章提出方法的绝对误差均低于混合方法 3,即基于经验模型和 LS－SVM 的方法,这表明在锂离子电池 RUL 预测中,多核最小二乘支持向量机的性能优于单核 LS－SVM。对比提出的两种方法,可以发现混合方法 1 预测结果的绝对误差都小于等于混合方法 2,这表明高斯核函数与多项式核函数线性组合得到的多核 LS－SVM 的性能优于高斯核函数与线性核函数线性组合得到的多核 LS－SVM。

由此表明,本章提出的锂离子电池 RUL 预测方法能够实现长期预测,并且具有较高的预测精度,其中高斯核函数与多项式核函数的线性组合构建的多核 LS－SVM 优于高斯核函数与线性核函数线性组合构建的多核 LS－SVM。

表 5.2　不同方法在电池 B0018 和 CS2－37 上的 RUL 预测结果

电池编号	预测起点/次	方　法	实际 RUL/次	预测 RUL/次	AE/次
B0018	55	方法 1	41	41	0
		方法 2	41	41	0
		方法 3	41	—	—
	70	方法 1	26	27	1
		方法 2	26	20	6
		方法 3	26	37	11
CS2－37	400	方法 1	370	327	43
		方法 2	370	314	56
		方法 3	370	257	113
	500	方法 1	270	241	29
		方法 2	270	233	37
		方法 3	270	184	86

5.3　基于多步预测模型的锂离子电池剩余寿命预测方法

5.3.1　多步信息特征的健康因子构建

1. 数据来源

锂离子电池的老化数据集来源于两组电池,一组为 CACLE 的 CS2－35、

CS-36、CS2-37 及 CS2-38,由这 4 组数据构建锂离子电池剩余寿命预测的健康因子,这些数据来源于同一类电池,其电池初始容量为 1.1 Ah,循环模式为以恒定电流 0.55 A 充电至电压到达 4.2 V,然后以恒压充电至电流下降为 0.05 A,最后以恒定电流 1.1 A 放电至电池电压下降为 2.7 V,此为电池的一个循环周期。另外一组为 NASA 的数据集 B0005、B0006、B0007、B0018,这一组数据集在第 2 章已进行描述。如图 5.8 所示为 CACEL 与 NASA 的电池容量衰退曲线。

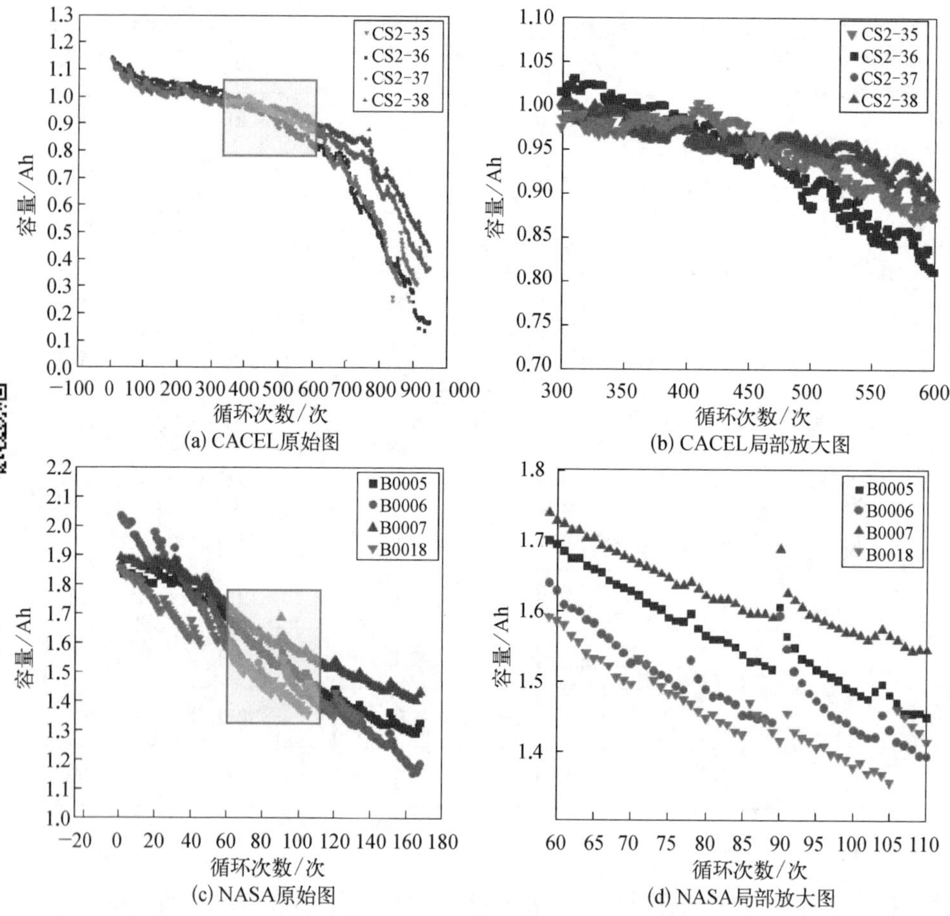

图 5.8 部分电池容量随循环次数的变化轨迹

从图 5.8 可以看出,CACEL 的锂离子电池数据集的循环次数普遍在 900 次左右,而 NASA 的循环次数在 160 次左右。在第 4 章,基于 WOA-ELM 的预测方法仅仅实现了锂离子电池中后期剩余寿命预测,缺乏早期剩余寿命预测,这是因为早期锂离子电池数据量较少,无法满足训练需求[18]。此外,锂离子电池容量的衰减趋势速度前后不同,但同系列电池的容量变化趋势一致。从图 5.8 中的局部放大图中可以看出,容量与循环次数是一一对应的关系,准确来说,容量的变化是由一群散点构成的,若可以将散点之间的空白进行合理增补,就可以增加训练数据量,完成算法的训练。

2. 健康因子的平滑处理

本节提取等压充电时间作为初步健康因子:

$$T_i = | T_i^H - T_i^L | \tag{5.12}$$

式中,T_i^H 为电池电压为 4.0 V 时所对应的时间;T_i^L 为电池电压为 3 V 时对应的时间。等压充电时间的变化趋势如图 5.9 所示。

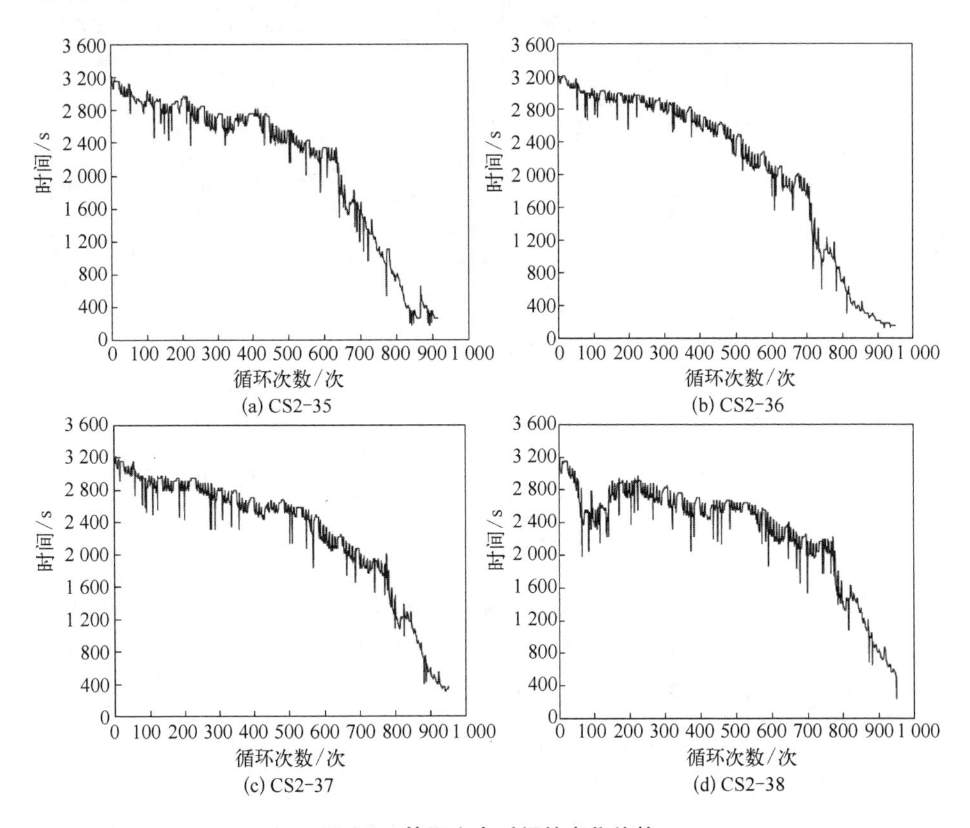

图 5.9　等压充电时间的变化趋势

从图 5.9 中可以得到,提取的等压充电时间波动较大,会导致训练模型时出现较大偏差,因此需要对原始健康因子进行平滑处理。CACEL 的时间测量是不连续的,跳动较大,为减小测量方式引起的误差,随机取 100 个数据点提取等压降时间的变化趋势,然后再添加 850 个数据采集点,形成较为连续的等压降时间序列,如图 5.10 所示。

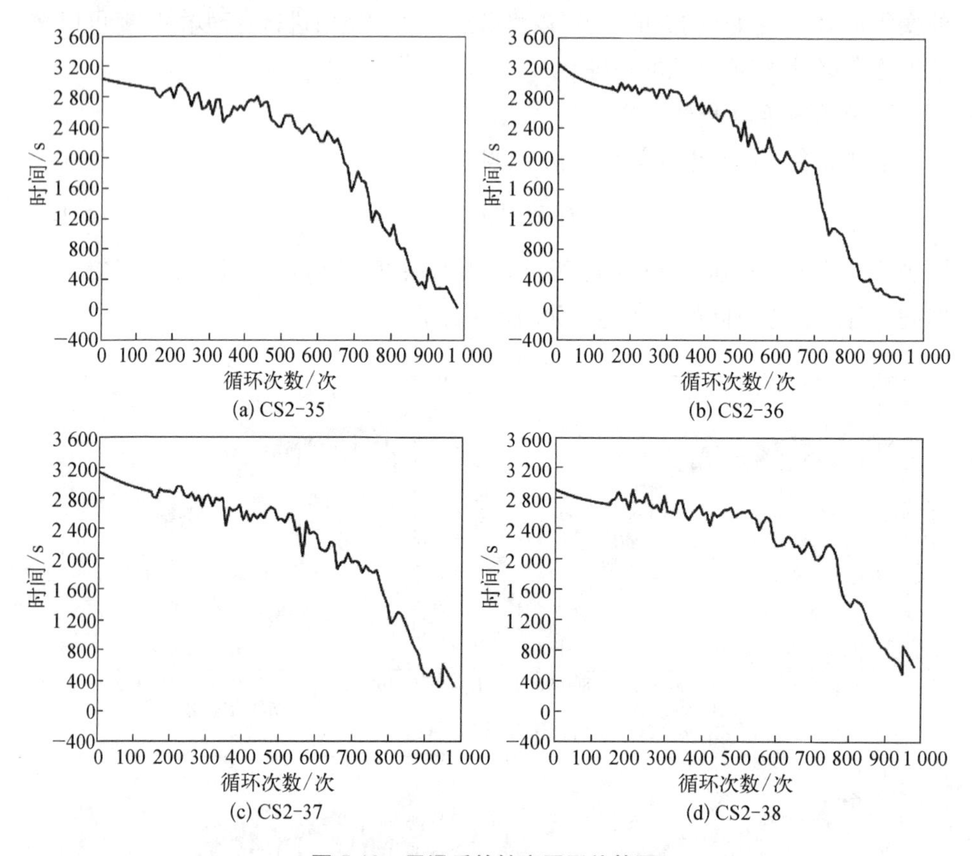

图 5.10　平滑后的健康因子趋势图

从图 5.10 可以看出,经过平滑处理后,健康因子的波动较小,适用于模型的训练,为了实现锂离子电池 RUL 预测模型对容量的早期预测和多步预测,需要对少量训练数据进行增补,在图 5.8 中,容量变化是散点图,可以将散点之间的数据进行插值增密,增大样本数据即可完成预测方法的有效训练。

3. 训练数据集插补

基于神经网络的锂离子电池剩余寿命预测方法对训练集的要求较高,训练集数量不足会导致模型训练不充分,从而降低锂离子电池剩余寿命的预测精度。锂离子电池的早期数据较少,需要扩充训练集规模来提高模型训练的充分性。

采用算法改进等提高其学习能力的方法,无法有效解决数据量小的问题。目前,主要采用数据插补的方法进行数据集容量的扩充,插补方法主要有:Akima 样条曲线插补、C(cubic)样条曲线插补、贝塞尔(Bezier)曲线插补、毕达哥达斯速端曲线(Pythagorean - Hodograph, PH)插补、B 样条曲线插补等[19]。已有研究表明,基于 Akima 插补的方法能够有效扩充数据集,提高模型训练的精度,因此研究中可以发现电池容量曲线本质上是由一些散点图构成的,这些点的横坐标为整数,为了便于分析锂离子电池容量的变化趋势,将这些散点进行连接,构成连续的曲线,抛开锂离子电池循环次数为整数的条件,仅对该曲线进行模型的构建,符合函数的映射关系,通过增补,可以对模型进行充分的训练,得到更加可靠的早期容量变化。由于每隔一次循环周期进行一次电池容量变化,各个循环之间的容量变化大,为使曲线比样条函数插值曲线更光顺、更自然,选用 Akima 插补的方法。

Akima 非线性插值理论是由 Akima 教授于 1970 年建立的一种全新的光滑非线性插值方法,采用该方法建立的曲线更光滑,过渡更自然,目前已在国内外广泛应用于测绘、遥感等领域。在二维平面上,取 4 个点连成曲线,分别为 $A(x_{i-2}, y_{i-2})$, $B(x_{i-1}, y_{i-1})$, $D(x_{i+1}, y_{i+1})$, $E(x_{i+2}, y_{i+2})$,此时要在点 B 和点 D 之间增加一点 $C(x_i, y_i)$,根据 Akima 插补原理,需要根据其他数据点建立具有一阶导数的三次多项式曲线。点 C 与点 D 之间的三次多项式为

$$y_i = a_0 + a_1(x - x_i) + a_2(x - x_i)^2 + a_3(x - x_i)^3 \tag{5.13}$$

式中,x 的取值范围为(x_i, x_{i+1});a_0、a_1、a_2、a_3 为多项式系数,计算方法为

$$\begin{cases} a_0 = y_i \\ a_1 = t_i \\ a_2 = \dfrac{3b_i - 2t_i - t_{i+1}}{x_{i+1} - x_i} \\ a_3 = \dfrac{t_{i+1} + t_i - 2b_i}{(x_{i+1} - x_i)^2} \end{cases} \tag{5.14}$$

式中,t_i 为多项式曲线在数据点 C 的一阶导数;b_i 为 CD 线段的斜率。根据 Akima 插补法的几何条件可得

$$
\begin{cases}
t_i = \dfrac{|b_{i+1} - b_i| b_{i-1} + |b_{i-1} - b_{i-2}| b_i}{|b_{i+1} - b_i| + |b_{i-1} - b_{i-2}|} \\
b_i = \dfrac{y_{i+1} - y_i}{x_{i+1} - x_i}
\end{cases}
\tag{5.15}
$$

式中，b_{i-2}、b_{i-1}、b_{i+1} 分别是线段 AB、线段 BC 及线段 DE 的斜率。根据式(5.13)，通过逐步取点插补，可得到数据点之间的非线性光滑曲线，完成数据之间的填充。

以 NASA 早期 30 次的循环数据为例，其变化情况如图 5.11 所示。

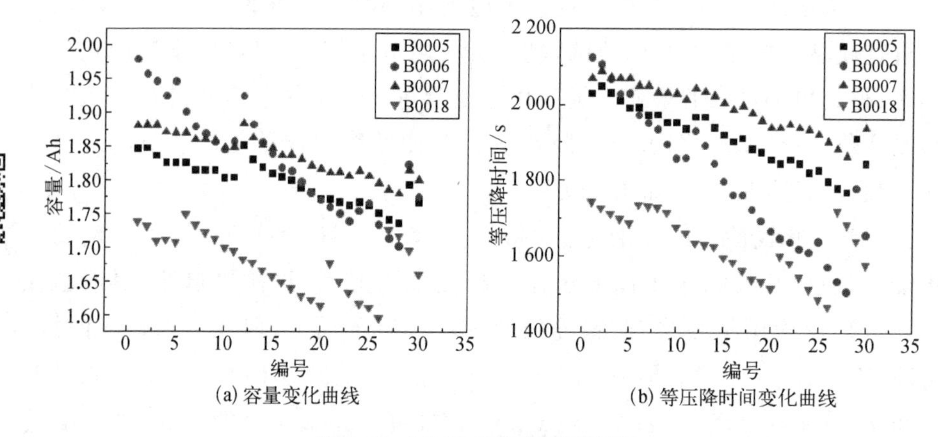

(a) 容量变化曲线　　(b) 等压降时间变化曲线

图 5.11　NASA 初始训练数据集

容量与等压降时间的变化应该是散点图，在散点之间，通过 Akima 插补的方法对其进行填充，扩大训练数据集容量分别至 100 组、300 组、500 组、700 组。图 5.12 所示为数据集扩大至 500 组时的情况。

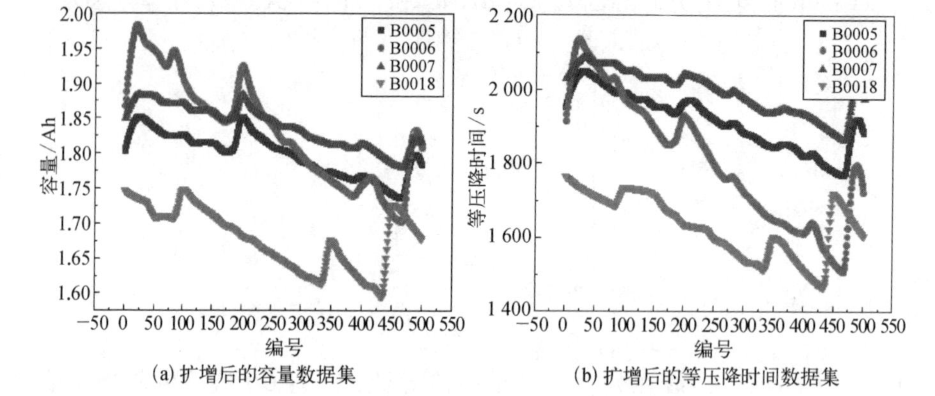

(a) 扩增后的容量数据集　　(b) 扩增后的等压降时间数据集

图 5.12　基于 Akima 插补法扩增的数据集

从图 5.12 中可以看出,增补后的早期数据并不影响锂离子电池容量与等压充电时间的变化趋势,相反,数据变得更加平滑,易于被神经网络学习;同理,针对 CACEL 的数据集进行早期容量跟踪时也需要使用插补方法。为评估平滑与扩增后的参数是否有效,分别进行相关性分析与使用 WOA - ELM 进行短期预测精度比较,如表 5.3 所示。

表 5.3　B0005 号电池数据增补前后的早期预测结果误差

电池编号	原始训练数据预测结果 RMSE	扩增数据量/组	处理过后的预测结果 RMSE
B0005	0.026	100	0.026
		300	0.025
		500	0.020
		700	0.020

从表 5.3 中可以发现,基于 Akima 扩增后的训练数据可有效提高电池的早期预测精度;此外,扩增数据量为 500 组时的预测误差相比于 100 组、300 组时较低,同时扩增 700 组时的预测误差并未进一步降低。因此,通过 Akima 的训练,数据量得到有效扩增。

4. 健康因子评估

在锂离子电池剩余寿命间接预测中,间接健康因子对预测结果的影响显著,因此对插补前后的健康因子与电池容量的相关性进行分析,判断平滑后健康因子的有效性。相关性分析结果如表 5.4 所示。

表 5.4　处理前后健康因子与电池容量的相关性分析结果

数据编号	原始相关系数	处理过后的相关系数
CS2 - 35	0.990	0.987
CS2 - 36	0.990	0.992
CS2 - 37	0.992	0.996
CS2 - 38	0.964	0.984
B0005	0.962	0.967

续 表

数 据 编 号	原始相关系数	处理过后的相关系数
B0006	0.990	0.990
B0007	0.971	0.973
B0018	0.987	0.988

从表 5.4 中可以看出,处理过的健康因子和电池容量的相关性与原始健康因子相比略有提升,根据相关性的评估标准,新健康因子与容量具有较强的相关性,表明可以用于锂离子电池 RUL 间接预测。

5.3.2 锂离子电池剩余寿命多步预测模型构建

1. 基于 GRNN 的锂离子电池早期剩余寿命预测方法

在锂离子电池工作初期,运行数据少,预测效果较差,因此本章针对电池运行参数早期较少的问题进行插补,此外训练数据集包含较少的衰减趋势,变化波动较大,需要针对早期容量跟踪重新选择算法。广义回归神经网络(GRNN)是径向基神经网络的一种[19-21]。对于非线性问题,GRNN 具有较大优势,相比径向基网络,其在追踪与学习速度上有更大优势,特别是在预测样本较少及数据不稳定的情况下,GRNN 的预测效果较好,因此广泛应用于信号、结构分析及预测等方面。GRNN 在结构上由 4 层组成,分别为输入层、模式层、求和层及输出层,输入为 $X=[x_1, x_2, \cdots x_n]^T$,输出为 $Y=[y_1, y_2, \cdots y_k]^T$。GRNN 的结构如图 5.13 所示,基本原理在 4.1.2 章节进行了详细分析。

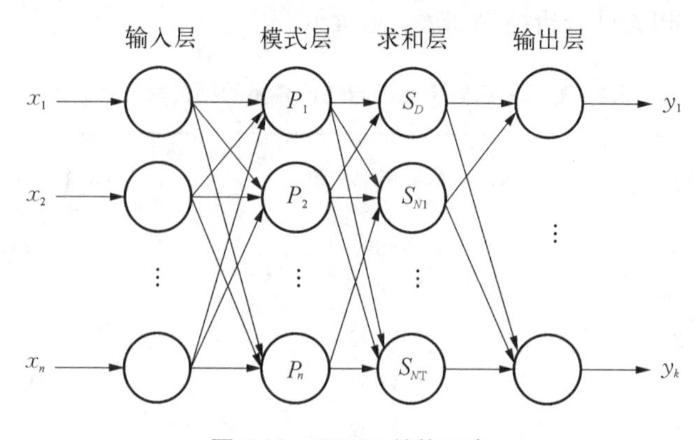

图 5.13 GRNN 结构示意

2. 基于 GSA－RELM 的锂离子电池剩余寿命中后期预测方法

将 GRNN 算法用于锂离子电池早期寿命预测，其次，为提高模型对电池容量衰退趋势的追踪能力，提出一种循环更新参数的正则化极限学习机(regularized extreme learning machine, RELM)方法，并应用于中后期锂离子电池剩余寿命预测中，为加快 RELM 的算法预测效率，引入引力搜索算法(gravity search algorithm, GSA)对模型进行优化。GSA 由 Rashedi 等[22]于 2009 年提出，是基于万有引力定律和牛顿第二定律的种群优化算法，相比其他优化算法，如遗传算法、模拟退化、人工免疫系统算法及 WOA 等，引力搜索算法能够提供更好的性能[18]。粒子间通过引力进行“交流”，质量较大的粒子(对应的解决方案较好)的移动速度比较轻的粒子慢，每个粒子包含四个属性：位置、惯性质量、主动引力质量及被动引力质量，粒子的位置对应待优化问题的解决方案，随着时间的推移，每个粒子根据适应度调整引力和惯性质量进行导航，最终将在搜索空间呈现最优解[22]。GSA 的原理示意图如图 5.14 所示。

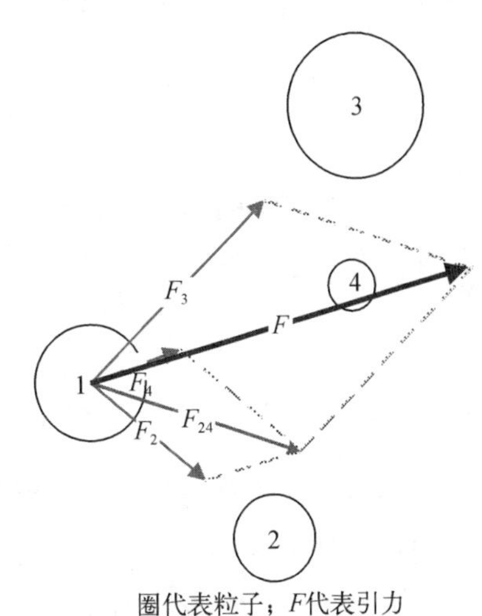

图 5.14　GSA 的原理示意

在引力搜索算法中，种群由多个粒子构成，通过以下方式对第 i 个粒子位置定义：

$$X_i = (x_i^1,\ \cdots,\ x_i^d,\ \cdots,\ x_i^n) \tag{5.16}$$

式中，x_i^d 表示第 i 个粒子在 d 维中的位置。空间中粒子间相互作用，共同运动，根据万有引力定律，粒子在空间中受到的力为

$$F_{ij}^d = G(t)\ \frac{M_{pi}(t)M_{aj}(t)}{R_{ij}(t)+\varepsilon}[x_j^d(t) - x_i^d(t)] \tag{5.17}$$

式中，G 为引力常数；定义 M_{pi} 和 M_{aj} 分别为粒子 i 的主动引力质量和粒子 j 的被动引力质量；R 为粒子间的欧氏距离。在搜索过程中，引力常数 G 会随着时间而发生改变，逐渐减小，表达式如下：

$$G(t) = G(t_0)\left(\frac{t_0}{t}\right)^{\beta},\quad \beta < 1 \tag{5.18}$$

式中，β 为常数，恒小于 1。在 d 维空间上，第 i 个粒子受到其他粒子引力的合力作用，用各粒子引力的随机加权和表示，即

$$F_i^d(t) = \sum_{j=1,\, j\neq i}^{N} \mathrm{rand}_j F_{ij}^d(t) \tag{5.19}$$

式中，rand_j 为[0, 1]的随机数。根据牛顿第二定律，首先得到粒子 i 的加速度为

$$a_i^d = \frac{F_i^d(t)}{M_{ii}(t)} \tag{5.20}$$

式中，M_{ii} 代表粒子 i 的惯性质量。得到粒子的加速度后，更新粒子在 $t+1$ 时刻的速度和位置：

$$v_i^d(t+1) = \mathrm{rand}_i \times v_i^d(t) + a_i^d(t) \tag{5.21}$$

$$x_i^d(t+1) = x_i^d(t) + v_i^d(t+1) \tag{5.22}$$

在引力搜索算法中，适应度函数的作用是更新引力质量和惯性质量，质量较大的粒子是更有效的优化位置，即在空间中最靠近最终优化结果的位置，因此具有更强的吸引力并且移动速度较慢，通过以下表达式对引力质量和惯性质量进行更新：

$$m_t(t) = \frac{\mathrm{fit}_i(t) - \mathrm{worst}(t)}{\mathrm{best}(t) - \mathrm{worst}(t)} \tag{5.23}$$

$$M_i(t) = \frac{m_i(t)}{\sum_{j=1}^{N} m_j(t)} \tag{5.24}$$

式中，$\mathrm{fit}_i(t)$ 代表粒子 i 在时间 t 的适应度值；由于是研究锂离子电池剩余寿命预测问题，$\mathrm{worst}(t)$ 和 $\mathrm{best}(t)$ 分别为 N 个粒子在 t 时刻的最大适应度值和最小适应度值。将 GSA 和 RELM 方法融合，用以优化选择输入权值和阈值，使得锂离子电池剩余寿命的预测结果更加精准可靠。同时，由于引力搜索优化算法参数设定简单、易于实现，可以提高锂离子电池中后期的预测效率。

3. 锂离子电池全生命周期下的 RUL 多步预测方法

锂离子电池全生命周期下的 RUL 多步预测的具体步骤如下。

第一步：以 150 次为早期与中后期预测分界线，提取早期容量和等压充电时间，即

$$T_{\mathrm{HI}} = \{\Delta T_{30+i}, \Delta T_{31+i}, \Delta T_{32+i}, \cdots, \Delta T_{60+i}\}, \quad 30 \leqslant i \leqslant 150 \tag{5.25}$$

$$R = \{R_{35+i}, R_{36+i}, R_{37+i}, \cdots, R_{65+i}\}, \quad 30 \leqslant i \leqslant 150 \tag{5.26}$$

第二步：利用 Akima 进行插补，得到训练数据集，即

$$T'_{\mathrm{HI}} = \{\Delta T_1, \Delta T_2, \Delta T_3, \cdots, \Delta T_{500}\} \tag{5.27}$$

$$R' = \{R_1, R_2, R_3, \cdots, R_{500}\} \tag{5.28}$$

第三步：将数据集（T'_{HI}，R'）归一化，得到归一化训练数据集（$t_{\text{HI-early}}$，r_{early}），并载入 GRNN 预测方法进行训练，即

$$\Delta t_i = \frac{\Delta T_i - \Delta T_{\min}}{\Delta T_{\max} - \Delta T_{\min}}, \quad i = 1, 2, \cdots, 500 \tag{5.29}$$

$$r_i = \frac{R_i - R_{\min}}{R_{\max} - R_{\min}}, \quad i = 1, 2, \cdots, 500 \tag{5.30}$$

第四步：载入新的等压充电时间归一化数据 $t'_{\text{HI-early}}$ 进行预测，获得早期预测结果 r'_{early}，将预测结果 r'_{early} 进行反归一化处理，获得实际的早期预测容量数据 R'_{early}。

第五步：到达 150 次循环时，利用 GSA－RELM 进行中后期剩余寿命预测。载入中后期训练数据集（$t_{\text{HI-later}}$，r_{later}），初始化 RELM 参数隐含层数目设置为 3，激励函数为“sigmoid”，输入权值 w_i 和偏差 b_i，使用引力搜索算法进行两参数的寻优，得到最优的 RELM 输入权值 w_i 和偏差 b_i，即

$$w_i = (w_i^1, \cdots, w_i^d, \cdots, w_i^n) \tag{5.31}$$

$$b_i = (b_i^1, \cdots, b_i^d, \cdots, b_i^n) \tag{5.32}$$

$$F_{ijw}^d = G(t)\frac{M_{pi}(t)M_{aj}(t)}{R_{ij}(t) + \varepsilon}[w_j^d(t) - w_i^d(t)] \tag{5.33}$$

$$F_{ijb}^d = G(t)\frac{M_{pi}(t)M_{aj}(t)}{R_{ij}(t) + \varepsilon}[b_j^d(t) - b_i^d(t)] \tag{5.34}$$

$$m_t(t) = \frac{\mathrm{fit}_i(t) - \mathrm{worst}(t)}{\mathrm{best}(t) - \mathrm{worst}(t)} \tag{5.35}$$

$$M_i(t) = \frac{m_i(t)}{\sum_{j=1}^{N} m_j(t)} \tag{5.36}$$

第六步：载入新的等压充电时间归一化数据 $t'_{\text{HI-later}}$ 进行预测，获得预测结果 r'_{later}，即

$$r'_{\text{later}} = \beta g(t'_{\text{HI-later}}) = \beta g(w \times t'_{\text{HI-later}} + b) \tag{5.37}$$

第七步：将预测结果 r'_{later} 进行反归一化处理，获得实际锂离子电池中后期容量预测数据 R'_{later}，整合 R'_{early} 和 R'_{later} 获得锂离子电池全生命周期下的多步预测结果 R'。

第八步：统计到达失效阈值的循环次数，得到锂离子电池剩余寿命 P，并对预测结果 R' 进行分析。

锂离子电池全生命周期下的剩余寿命多步预测算法流程框图如图 5.15 所示。

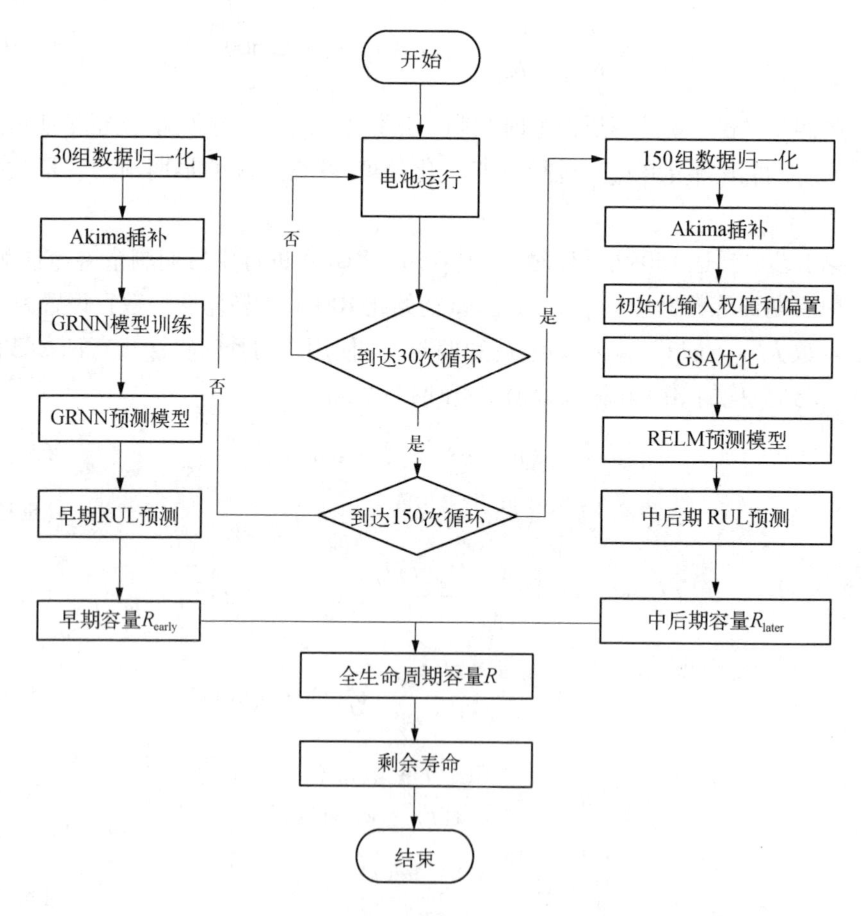

图 5.15　锂离子电池全生命周期下的剩余寿命多步预测算法流程

4. 模型评价指标

采用两种方式对模型进行评价，分别为预测循环次数的准确性和容量衰减跟踪的效果。使用平均绝对误差(MAE)和均方根误差(RMSE)作为评估标准：

$$\mathrm{RMSE}=\sqrt{\frac{1}{n}\sum_{i}^{n}(Q_i-Q_i')^2} \tag{5.38}$$

$$\mathrm{MAE}=\frac{1}{n}\sum_{i}^{n}|Q-Q'| \tag{5.39}$$

式中，Q_i 为真实值，即锂离子电池的实际容量；Q_i' 为预测容量值；n 为循环次数。

当锂离子电池的容量降至失效阈值时，循环次数的实际值与预测值之间的误差定义如下：

$$E_r=|P_{\mathrm{RUL}}-R_{\mathrm{RUL}}| \tag{5.40}$$

$$\mathrm{PE}_r=\frac{|P_{\mathrm{RUL}}-R_{\mathrm{RUL}}|}{R_{\mathrm{RUL}}}\times 100\% \tag{5.41}$$

式中，P_{RUL} 为预测循环次数；R_{RUL} 为实际循环次数。

5.3.3　仿真分析

1. CACEL 数据集的锂离子电池 RUL 预测

针对来源于 CACEL 的电池数据集 CS2－35～CS2－38 系列，循环次数到达 900 次即已经完全达到失效阈值，因此采用电池循环的前 900 次运行数据进行验证，设定失效阈值为电池初始容量的 80%，模型运行的环境为 Matlab2019b。

根据提出的锂离子电池 RUL 预测方法，选取的寿命预测起始点为第 31 次循环，在第 31～150 次循环过程中，采用 GRNN 对容量进行跟踪；在 151 次循环开始，使用 RELM 对电池容量进行跟踪预测。为了更加直观地展示融合模型对容量的跟踪能力，与 GSA－ELM 预测方法得出的结果进行对比。GSA－RELM 预测方法的参数设置如下：隐层神经元个数为 3，激励函数为“sigmod”，模型训练数据量分别为 200 组、400 组、600 组。预测结果曲线如图 5.16～图 5.19 所示，预测结果误差如表 5.5 和表 5.6 所示。

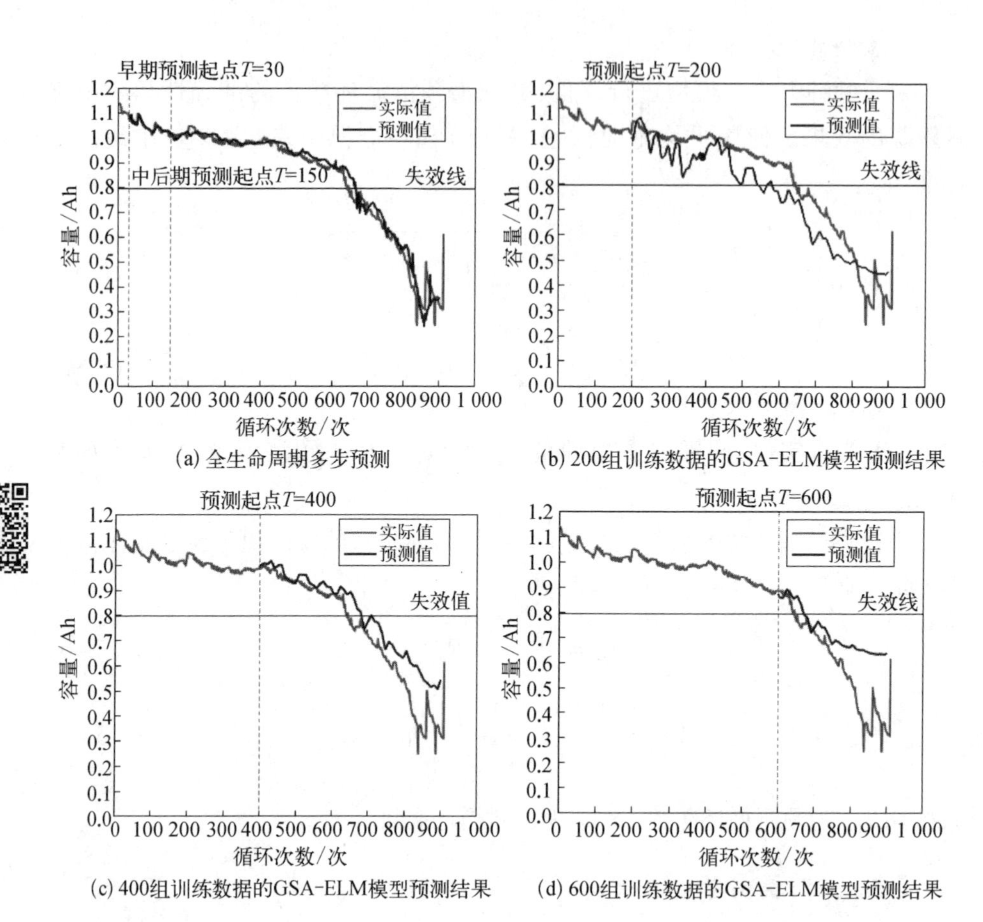

(a) 全生命周期多步预测　(b) 200组训练数据的GSA-ELM模型预测结果

(c) 400组训练数据的GSA-ELM模型预测结果　(d) 600组训练数据的GSA-ELM模型预测结果

图 5.16　基于 GRNN-GSA-RELM 与 GSA-ELM 的 RUL 预测结果(CS2-35)

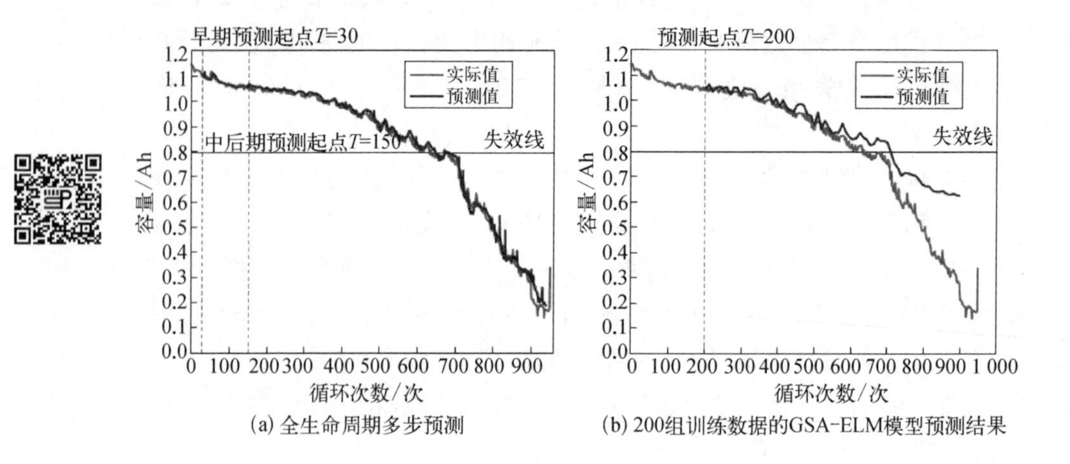

(a) 全生命周期多步预测　(b) 200组训练数据的GSA-ELM模型预测结果

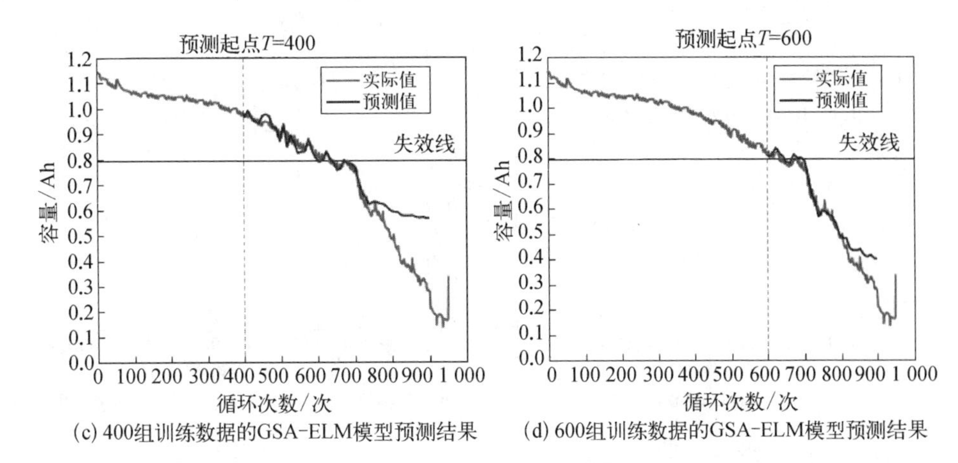

(c) 400组训练数据的GSA-ELM模型预测结果　(d) 600组训练数据的GSA-ELM模型预测结果

图 5.17　基于 GRNN－GSA－RELM 与 GSA－ELM 的 RUL 预测结果(CS2－36)

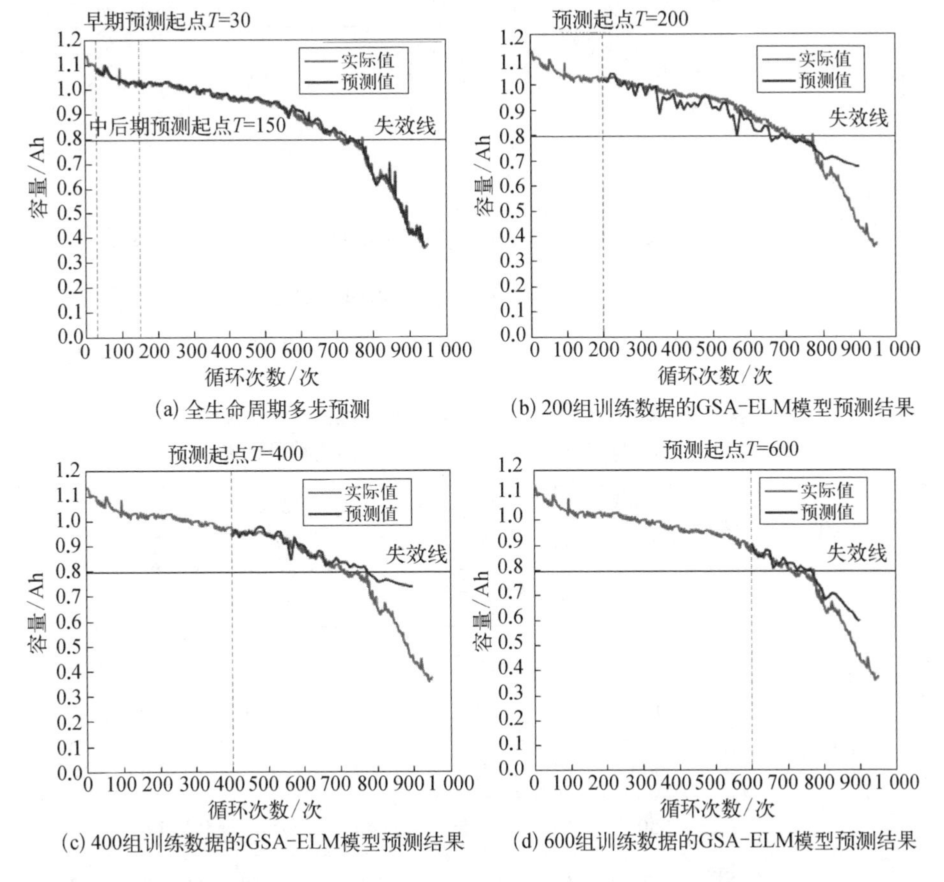

(a) 全生命周期多步预测　(b) 200组训练数据的GSA-ELM模型预测结果

(c) 400组训练数据的GSA-ELM模型预测结果　(d) 600组训练数据的GSA-ELM模型预测结果

图 5.18　基于 GRNN－GSA－RELM 与 GSA－ELM 的 RUL 预测结果(CS2－37)

(a) 全生命周期多步预测

(b) 200组训练数据的GSA-ELM模型预测结果

(c) 400组训练数据的GSA-ELM模型预测结果

(d) 600组训练数据的GSA-ELM模型预测结果

图 5.19　基于 GRNN - GSA - RELM 与 GSA - ELM 的 RUL 预测结果(CS2 - 38)

表 5.5　基于 GRNN - GSA - RELM 的电池全生命周期预测与 GSA - ELM 电池 RUL 预测结果比较

数据编号	方　法	初始训练数据量	R_{RUL}/次	提前步长	P_{RUL}/次	E_r/次	RMSE	PE_r
CS2 - 35	提出的方法	30	646	5	663	17	0.021 4	2.63
		200	646	—	539	193	0.078 4	29.88
	GSA - ELM	400	646	—	683	37	0.069 6	5.73
		600	646	—	669	23	0.117 6	3.56
CS2 - 36	提出的方法	30	631	5	646	15	0.014 0	2.38
		200	631	—	708	77	0.074 2	12.20

续　表

数据编号	方　法	初始训练数据量	R_{RUL}/次	提前步长	P_{RUL}/次	E_r/次	RMSE	PE_r
CS2－36	GSA－ELM	400	631	—	597	34	0.057 7	5.38
		600	631	—	645	14	0.033 8	2.21
CS2－37	提出的方法	30	711	5	728	17	0.011 2	2.63
		200	711	—	657	54	0.038 7	7.59
	GSA－ELM	400	711	—	771	60	0.052 2	8.44
		600	711	—	773	62	0.043 4	8.72
CS2－38	提出的方法	30	771	5	776	5	0.010 4	0.65
		200	771	—	649	122	0.058 2	15.82
	GSA－ELM	400	771	—	774	3	0.040 7	0.39
		600	771	—	770	1	0.034 8	0.13

表 5.6　基于 GRNN－GSA－RELM 的电池全生命周期预测与其他 RUL 预测结果比较

数据编号	方　法	初始训练数据量	E_r/次	PE_r	RMSE	MAE
CS2－35	提出的方法	30	17	2.63	0.021 4	0.020 1
	ALO－SVM[22]	309	22	3.41	0.026 4	0.024 4
	PLKS[23]	295	26	4.02	—	—
CS2－36	提出的方法	30	15	2.38	0.014 0	0.009 5
	ALO－SVM[22]	367	8	1.27	0.021 7	0.016 4
	PLKS[23]	275	20	3.17	—	—
CS2－37	提出的方法	30	17	2.39	0.011 2	0.010 1
	ALO－SVM[22]	337	19	2.67	0.017 6	0.015 4
	PLKS[23]	310	26	3.66	—	—

续 表

数据编号	方 法	初始训练数据量	E_r/次	PE_r	RMSE	MAE
CS2-38	提出的方法	30	5	0.65	0.010 4	0.008 4
	ALO-SVM[23]	433	22	2.85	0.015 5	0.013 2
	PLKS[24]	330	29	3.76	—	—

图 5.16~图 5.19 中的预测结果表明,使用 GSA-ELM 模型进行常规训练后进行预测的方式,只适用于锂离子电池后期,当训练数据量较少时,预测模型无法完全学习电池容量与健康因子之间的关系,导致其预测结果的准确度会随着训练集数据量的大小而改变;而基于 GRNN 和 GSA-RELM 方法构建的在线全生命周期多步预测方法,在电池运行早期及中后期都具有良好的跟踪能力,并且针对每一组数据,根据表 5.5 中数据,全生命周期多步预测结果偏离电池失效点较小,RMSE 小,精度高;而基于 GSA-ELM 模型预测得到的寿命终点会随着训练数据量的增大而逐渐接近电池失效终点。因此,基于 GRNN 和 ELM 方法构建的全生命周期预测方法能够有效地对锂离子电池 RUL 进行预测并对容量变化进行跟踪。

此外,结合表 5.6,对所提出的全生命周期下的剩余寿命预测方法与蚁狮优化-支持向量机(ant lion optimizer-support vector machine, ALO-SVM)预测方法及基于核平滑的粒子学习(particle learning based on kernal smoothing, PLKS)方法相比,RMSE 较小,容量预测精度较高,且剩余寿命预测结果更接近实际失效时达到的循环次数。同时,该方法的预测涵盖范围更广,训练数据量少,针对不同数据集能够以较高的精度完成预测,可以得出结论,基于 GRNN-GSA-RELM 的锂离子电池剩余寿命预测方法的精度高,泛化性能好。

2. NASA 数据集的锂离子电池 RUL 预测

而对于来源于 NASA 的数据,由于循环数据次数较少,对数据作插补处理并使用所提出方法对锂离子电池容量进行预测,将预测结果与基于原始数据集预测的结果进行比较。为验证提出的方法的鲁棒性,以电池生产时的电池容量为准,针对 NASA 数据,失效阈值统一设置为 1.4 Ah,预测起点为第 30 次。并且与基于原始数据的 80 组训练数据集预测的结果进行对比,预测结果如图 5.20 所示,预测结果误差如表 5.7 所示。

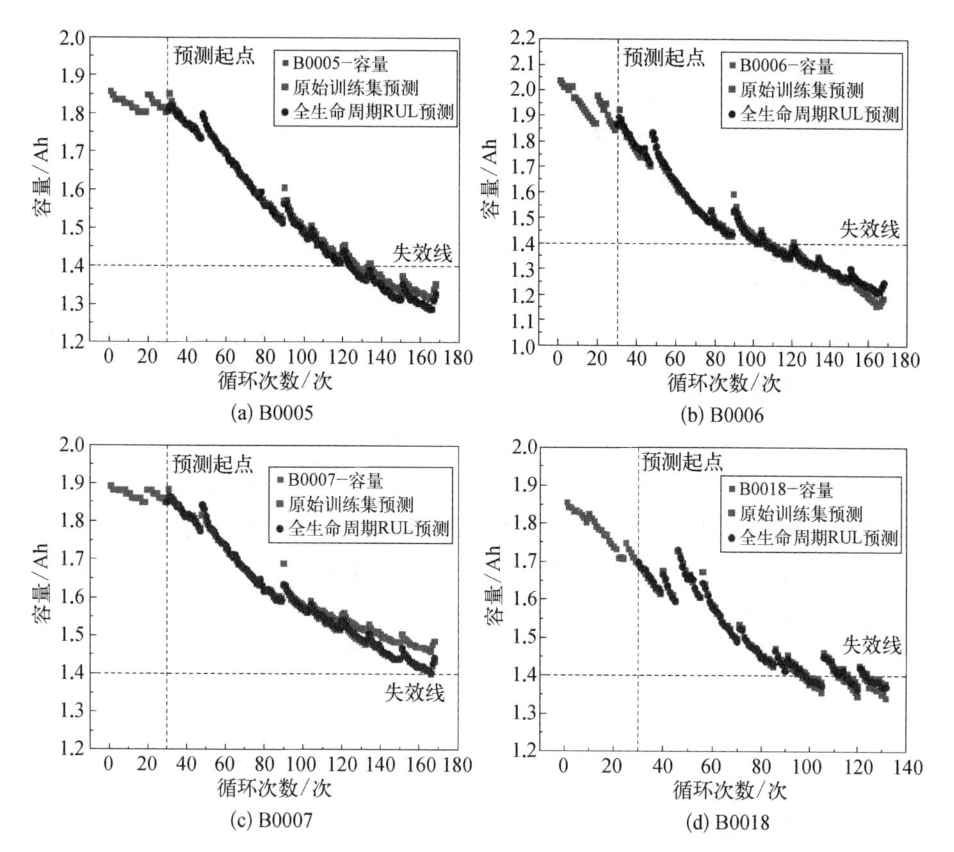

图 5.20　基于 GRNN − GSA − RELM 和 GSA − ELM 的 RUL 预测结果(NASA)

表 5.7　锂离子电池全生命周期下的 RUL 预测结果评估(NASA)

数据编号	方法	R_{RUL}/次	P_{RUL}/次	E_r/次	PE_r	RMSE	MAE
B0005	基于原始数据	124	127	3	2.4	0.005 7	0.003 25
	提出的方法	124	123	1	0.8	0.004 9	0.015 9
B0006	基于原始数据	108	105	3	2.7	0.019 5	0.014 7
	提出的方法	108	106	2	1.9	0.012 9	0.010 9
B0007	基于原始数据	—	—	—	—	0.007 2	0.004 5
	提出的方法	—	—	—	—	0.003 4	0.003 9

续 表

数据编号	方法	R_{RUL}/次	P_{RUL}/次	E_r/次	PE_r	RMSE	MAE
B0018	基于原始数据	96	99	3	3.1	0.009 6	0.007 5
	提出的方法	96	95	1	1.0	0.001 7	0.001 5

从图 5.20 可以看出,使用 80 组历史数据进行训练预测的方法在中期具有较好的追踪性能,但是在后期存在预测结果偏离的现象,后期预测效果不好;而基于所提的方法,不论在早期、中期还是后期,预测结果与实际容量相差均较小。结合表 5.7,基于 GRNN - GSA - RELM 的预测方法与基于 GSA - ELM 的使用 80 组训练数据集的预测方法相比,其 RMSE 和 MAE 较小,并且剩余寿命预测与实际失效时的循环次数相差不大。综上所述,基于 GRNN - GSA - RELM 的预测能够实现全生命周期下的剩余寿命多步预测。

5.4 本章小结

本章针对现场退化数据不足时锂离子电池 RUL 长期预测难以实现的问题,提出了两种锂离子电池 RUL 预测方法,将提出方法在实例数据集上进行了实验验证,结果表明,两种 RUL 预测方法均能够较好地实现锂离子电池 RUL 长期预测。

方法一是基于经验模型和最小二乘支持向量机的锂离子电池 RUL 预测方法。首先结合锂离子电池的历史退化数据和锂离子电池经验模型,构建锂离子电池理想退化模型,获得锂离子电池的偏差容量,作为提出方法的健康因子用于模型训练和预测。在此基础上,从两方面对 LS - SVM 进行了改进：一方面是采用差分进化算法优化 LS - SVM 的参数,并详细介绍了差分进化算法的原理;另一方面是采用不同类型核函数的线性组合,提高 LS - SVM 的预测性能。在实例数据集上进行实验验证,结果表明,提出的方法能够实现锂离子电池 RUL 长期预测,并且具有较好的鲁棒性;同时,采用高斯核函数与多项式核函数线性组合的方法优于采用高斯核函数和线性核函数线性组合的方法。

方法二是基于 GRNN - GSA - RELM 的锂离子 RUL 多步预测方法。首先针对锂离子电池运行早期数据样本小导致训练不充分的问题,利用 Akima 样条曲线插补的方法对早期少量训练数据集进行插补，并构建了具有多步信息特征的健康因子；然后提出了基于 GRNN 的锂离子电池早期容量预测方法，利用小样本训练数据集和 GRNN 算法更新锂离子电池早期的容量预测参数，利用预测模型对锂离子电池早期容量进行预测，实现了锂离子电池早期容量预测；在此基础上，针对锂离子电池后期寿命预测偏差较大的问题，提出了基于 GSA 优化 RELM 参数的中后期多步预测方法，建立了具有滚动更新能力的锂离子电池中后期预测模型，实现了锂离子电池中后期容量的多步预测；最后，采用实际锂离子电池数据集进行了实验验证，对比分析了基于 ALO－SVM 的预测方法、基于 GSA－RELM 的预测方法和基于 GRNN－GSA－RELM 的预测方法在不同锂离子电池数据下的 RUL 预测结果。实验表明，与其他预测方法相比，本章所提出的方法的早期容量预测、中后期多步预测结果更准确，泛化性能更好。

参考文献

[1] Hu X S, Xu L, Lin X K, et al. Battery lifetime prognostics[J]. Joule, 2020, 4(2): 310－346.

[2] 赵泽昆，韩晓娟，马会萌.基于 BP 神经网络的储能电池衰减容量预测[J].电器与能效管理技术，2016(19)：68－72.

[3] 丁阳征.基于 ELM 的锂离子电池剩余寿命预测方法研究[D].太原：中北大学，2019.

[4] 耿攀，许梦华，薛士龙.基于 LSTM 循环神经网络的电池 SOC 预测方法[J].上海海事大学学报，2019，40(3)：120－126.

[5] Li W H, Jiao Z P, Du L, et al. An indirect RUL prognosis for lithium-ion battery under vibration stress using Elman neural network [J]. International Journal of Hydrogen Energy, 2019, 44(23): 12270－12276.

[6] Khumprom P, Yodo N. A data-driven predictive prognostic model for lithium-ion batteries based on a deep learning algorithm[J]. Energies, 2019, 12(4): 660.

[7] Deng Y W, Ying H J, Jia Q E, et al. Feature parameter extraction and intelligent estimation of the state-of-health of lithium-ion batteries [J]. Energy, 2019, 176: 91－102.

[8] Duong P L T, Raghavan N. Heuristic kalman optimized particle filter for remaining useful life prediction of lithium-ion battery [J]. Microelectronics Reliability, 2018, 81: 232－243.

[9] Zhang X, Miao Q, Liu Z W, et al. Remaining useful life prediction of lithium-ion battery using an improved UPF method based on MCMC[J]. Microelectronics Reliability, 2017, 75: 288－295.

[10] Liu D T, Yin X H, Song Y C, et al. An on-line state of health estimation of lithium-ion battery using unscented particle filter[J]. IEEE Access, 2018, 6: 40990－41001.

[11] Zhang L J, Mu Z Q, Sun C Y. Remaining useful life prediction for lithium-ion batteries based on exponential model and particle filter [J]. IEEE Access, 2018, 6:

17729 - 17740.

[12] Zhang H, Miao Q, Zhang X, et al. An improved unscented particle filter approach for lithium-ion battery remaining useful life prediction [J]. Microelectronics Reliability, 2018, 81: 288 - 298.

[13] Yang D, Wang Y J, Pan R, et al. State-of-health estimation for the lithium-ion battery based on support vector regression[J]. Applied Energy, 2018, 227: 273 - 283.

[14] Liu D T, Zhou J B, Liao H T, et al. A health indicator extraction and optimization framework for lithium-ion battery degradation modeling and prognostics [J]. IEEE Transactions on Systems Man & Cybernetics Systems, 2015, 45(6): 915 - 928.

[15] Zhang Y Z, Xiong R, He H W, et al. Long short-term memory recurrent neural network for remaining useful life prediction of lithium-ion batteries [J]. IEEE Transactions on Vehicular Technology, 2018, 67(7): 5695 - 5705.

[16] Yang D, Zhang X, Pan R, et al. A novel gaussian process regression model for state-of-health estimation of lithium-ion battery using charging curve [J]. Journal of Power Sources, 2018, 384(30): 387 - 395.

[17] Sun Y Q, Hao X L, Pecht M, et al. Remaining useful life prediction for lithium-ion batteries based on an integrated health indicator[J]. Microelectronics Reliability, 2018: 1189 - 1194.

[18] 庞晓琼,王竹晴,曾建潮,等.基于 PCA - NARX 的锂离子电池剩余使用寿命预测[J].北京理工大学学报,2019,39(4): 406 - 412.

[19] 邹红波,伏春林,喻圣.基于 Akima - LMD 和 GRNN 的短期负荷预测[J].电工电能新技术,2018,37(1): 51 - 56.

[20] Specht D F. A general regression neural network [J]. IEEE Transactions on Neural Networks, 1991, 2(6): 568 - 576.

[21] 张淑清,任爽,姜安琦,等. PCA - GRNN 在综合气象短期负荷预测中的应用[J].计量学报,2017,38(3): 340 - 344.

[22] Rashedi E, Nezamabadi-Pour H, Saryazdi S. GSA: a gravitational search algorithm[J]. Information Sciences, 2009, 179(13): 2232 - 2248.

[23] 王瀛洲,倪裕隆,郑宇清,等.基于 ALO - SVR 的锂离子电池剩余使用寿命预测[J].中国电机工程学报,2021,41(4): 1445 - 1457,1550.

[24] Liu Z B, Sun G Y, Bu S H, et al. Particle learning framework for estimating the remaining useful life of lithium-ion batteries[J]. IEEE Transactions on Instrumentation and Measurement, 2017, 66(2): 280 - 293.

第6章

容量再生下的锂离子电池剩余寿命预测

容量再生现象表现为下一周期的容量明显高于前一周期,同时在容量再生后的一段时间出现加速退化的现象,从 NASA 公开的锂离子电池数据中可以观测到该现象。容量再生现象会导致锂离子电池的寿命增加,严重影响锂离子电池 RUL 预测的精度。对此,Saha 等[1]和 Eddahech 等[2]都提出了一种包含搁置时间的锂离子电池容量退化模型,但该模型没有考虑容量再生现象后的加速退化过程。Zhou 等[3]和吴祎等[4]采用经验模态分解(empirical mode decomposition, EMD)、变模态分解(variational mode decomposition, VMD)将锂离子电池的退化过程分解为全局退化过程和容量再生过程,通过分别预测两个过程来提高 RUL 的预测精度,然而该方法依旧未考虑容量再生现象后的加速退化过程。曲杰等[5]采用小波降噪的方法对数据进行平滑处理,然后采用 SVM 对平滑处理后的退化数据进行 RUL 预测,然而平滑处理过后的数据与实际退化过程存在一定差异。

综上所述,当前考虑容量再生现象的锂离子电池 RUL 预测还存在以下问题:一是目前的研究大都集中于容量再生阶段而忽略了之后的加速退化阶段;二是大多研究都是基于剔除容量再生现象后的数据进行预测。因此,研究考虑容量再生现象的锂离子电池 RUL 预测方法对提高锂离子电池在工程应用中的安全性和稳定性具有重要意义。

6.1 问题分析

本章利用 NASA 数据集中 B0005 电池的老化数据对锂离子电池的容量再生现象进行分析,其中 B0005 的退化数据如图 6.1 所示。从图中可以看出,B0005 的退化过程包含了明显的容量再生现象。图 6.2 所示为 B0005 的容量变化速率,从图中可以看出,B0005 的退化过程可以明显地分为三种退化过程: 第一种是退化速率处于零以下但接近零,这种状态占据整个退化过程的大部分,是电池退化的正常退化过程;第二种是退化速率大于零,表现为下一周期测得的容量大于上一周期测得的容量,是电池的容量再生过程;第三种是退化速率远远超出正常退化速率,该现象出现在容量再生之后,是电池容量再生后出现的容量加速退化过程。

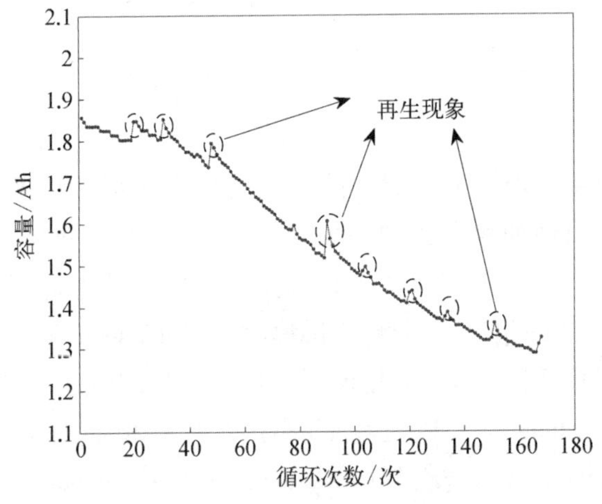

图 6.1　B0005 的退化数据

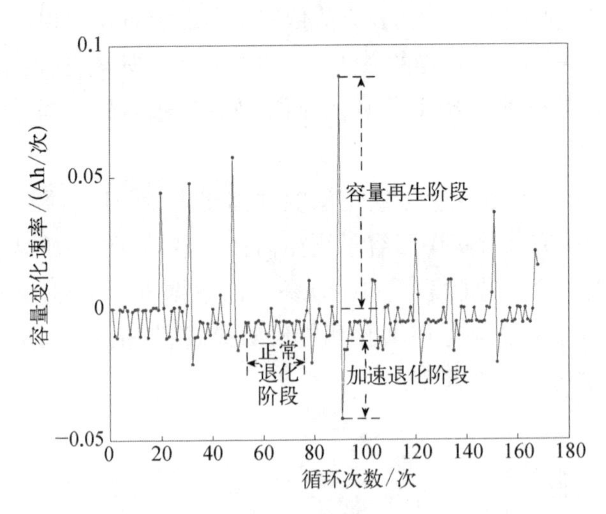

图 6.2　B0005 的容量变化速率

基于经验模型的锂离子电池 RUL 预测方法实现容易,是一种常用的锂离子电池 RUL 预测方法[6,7]。例如,文献[8]和[9]采用双指数经验模型并结合改进的粒子滤波(PF)算法实现了锂离子电池 RUL 预测,但双指数经验模型没有考虑锂离子电池的容量再生现象,这导致预测曲线与实际的衰退曲线相似度不高,并且预测结果分布较散。Eddahech 等[2]通过实验研究发现,当锂离子电池的搁置时间达到 6 h 以上时,电池会出现明显的容量再生现象,并建立了锂离子电池的容量再生模型,但该模型考虑了电池荷电状态(state of charge, SOC)的影响因素,SOC 测量比较困难,因此实现较为困难。陶耀东等[10]采用 Saha 提出的容量再生模型将数据中的容量再生点剔除,然后进行 RUL 预测,但该方法中使用的模型没有考虑容量再生后的加速衰退现象,同时剔除容量再生数据点后预测的 RUL 与实际的 RUL 存在区别。搁置时间序列可以根据锂离子电池的使用习惯估计得到,因此在 RUL 预测中加入容量再生具有可行性。严仁远[11]通过分析电池在三种衰退模式下的衰退数据建立了多模式锂离子电池容量衰退模型并结合 PF 算法实现了 RUL 预测,但该模型中容量再生模型的拟合精度 R^2 只达到了0.7左右,精度还有提高的空间,同时加速衰退过程的建模比较复杂。

针对上述问题,结合对容量再生现象的分析结果,本章提出一种基于多状态经验模型的锂离子电池剩余寿命预测方法。该方法提出的多状态容量衰退模型包含锂离子电池的三种退化状态: 正常退化、容量再生、加速退化,因此模型更加符合实际的衰退曲线。该方法提出的粒子群优化-粒子滤波(particle swarm optimization-particle filter, PSO－PF)预测算法考虑了容量再生数据相对不足的情况,避免了 PF 算法对训练数据的需求,提高了算法在数据不足时的精度。

6.2　基于多状态经验模型的锂离子电池剩余寿命预测方法

6.2.1　锂离子电池的多状态经验退化模型构建

基于上述分析,本章将分别对锂离子电池的正常退化、容量再生、加速退化状态进行建模,然后将模型进行组合得到考虑容量再生现象的锂离子电池经验退化模型。在模型建立过程中,采用拟合精度 R^2 和均方根误差 RMSE 作为模型的评价标准:

$$R^2 = 1 - \frac{\sum_{i=1}^{n}(y_i - \hat{y}_i)^2}{\sum_{i=1}^{n}(y_i - \bar{y}_i)^2} \tag{6.1}$$

$$\mathrm{RMSE}=\sqrt{\frac{1}{n}\sum_{i=1}^{n}(y_i-\hat{y}_i)^2} \tag{6.2}$$

式中，y_i 代表第 i 个循环周期的电池容量；$\hat{y}_i$ 代表建立的模型计算的电池容量；$\bar{y}_i$ 代表容量的均值。

1. 锂离子电池的正常退化模型

根据上述分析可知，在正常的衰退速率下，锂离子电池容量会按照较为稳定的速率降低，即不会出现容量变化大于零的情况，此外容量加速衰退现象只出现在容量再生现象之后，同时考虑到测量过程中的测量误差，因此将 NASA 原始数据集中容量变化大于 0.005 Ah 的数据横向切割，从而获得正常衰退速率下的电池容量衰退数据，结果如图 6.3 所示。

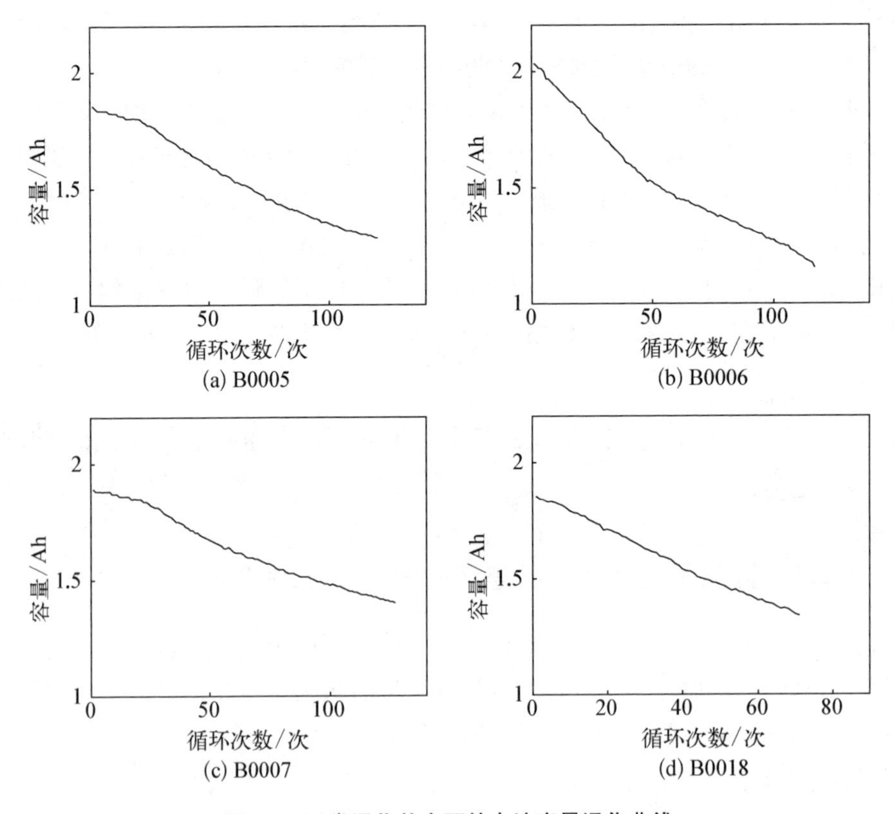

图 6.3　正常退化状态下的电池容量退化曲线

观察图 6.3 可以看出，正常衰退速率下的衰退曲线具有良好的线性特征，因此采用一次线性模型进行拟合，模型拟合曲线时获得的参数如表 6.1 所示。同时使用目前常用的指数经验模型进行拟合,两个模型拟合结果的 R^2 和 RMSE 如表6.2所示。从表6.2可以看出,一次线性模型和指数经验模型都能较好地拟合正常衰退速率下的衰退数据,但在后续的预测过程中,经验模型需要处理四个参数,一次线性模型只需要处理两个参数,工作量大大减少,因此本节采用一次线性模型作为正常衰退速率下电池的衰退模型。

表6.1 模型拟合数据获得的参数

模型	参数	B0005	B0006	B0007	B0018
$y = a \times x + b$	a	−0.005 25	−0.007 1	−0.004 22	−0.007 59
	b	1.874	1.945	1.902	1.863

表6.2 正常退化状态时模型的拟合效果

模型	标准	B0005	B0006	B0007	B0018
$y = a \times x + b$	R^2	0.989 8	0.962 6	0.985 9	0.995 9
	RMSE	0.018 6	0.047 7	0.018 6	0.010 1
$y = a \times \exp(b \times x) + c \times \exp(d \times x)$	R^2	0.994	0.997	0.994 4	0.998
	RMSE	0.014 4	0.013 7	0.011 8	0.007 2

2. 锂离子电池的容量再生模型

Eddahech等[2]通过研究指出,当锂离子电池的搁置时间达到6个小时以上时就会出现明显的容量再生现象,因此从NASA的四块电池中取出搁置时间超过6小时的容量再生数据用于建模分析,在对容量再生数据进行提取时,发现从B0005、B0006和B0007提取的数据中有一个数据点严重偏离了其他数据,因此作为异常点舍去,最终提取出的容量再生数据如图6.4所示。严仁远[11]通过分析B0005的容量再生数据提出了一个容量再生模型,如式(6.3)所示,并通过拟合B0006的容量再生数据验证了模型的有效性,但该模型拟合数据的 R^2 只有0.7左右。此外,电池本身还存在自放电、日历老化等现象,短时间内的影响不明显,但当搁置时间较长时,也会对电池的容量产生影响,这个可以从提取的数据中看出来,当搁置时间超过了10天之后,恢复的容量出现了下降。因此,容量再生模型需要满足以下两个条件：一是当搁置时间等于 0 的时候，其恢复的数值也为 0；二是模型存在一个极大值点，即当搁置时间过长时，恢复的容量将开始下降。受经验模型的启发，本节提出了一个新的容量再生模型，该模型能够满足上述两个条件，如式(6.4)所示：

$$f(x) = c \times \exp(-x) - c \tag{6.3}$$

$$f(x) = c \times x \times \exp(d \times x) \tag{6.4}$$

式中，c、d 为模型变量。

使用上述两个模型对容量再生数据进行拟合，结果如图 6.4 所示，对拟合结果进行对比分析，结果如表 6.3 所示。从图 6.4 可以看出，两个模型都能较好地拟合容量再生数据，但从表 6.3 可以看出，新模型的拟合效果优于旧模型，表明本节提出的模型的精度更好；对于 B0006 和 B0018，旧模型的拟合效果明显下降，而新模型对四块电池的容量再生数据的拟合精度变化不明显，表明本节提出的模型相对于旧模型具有更好的鲁棒性。

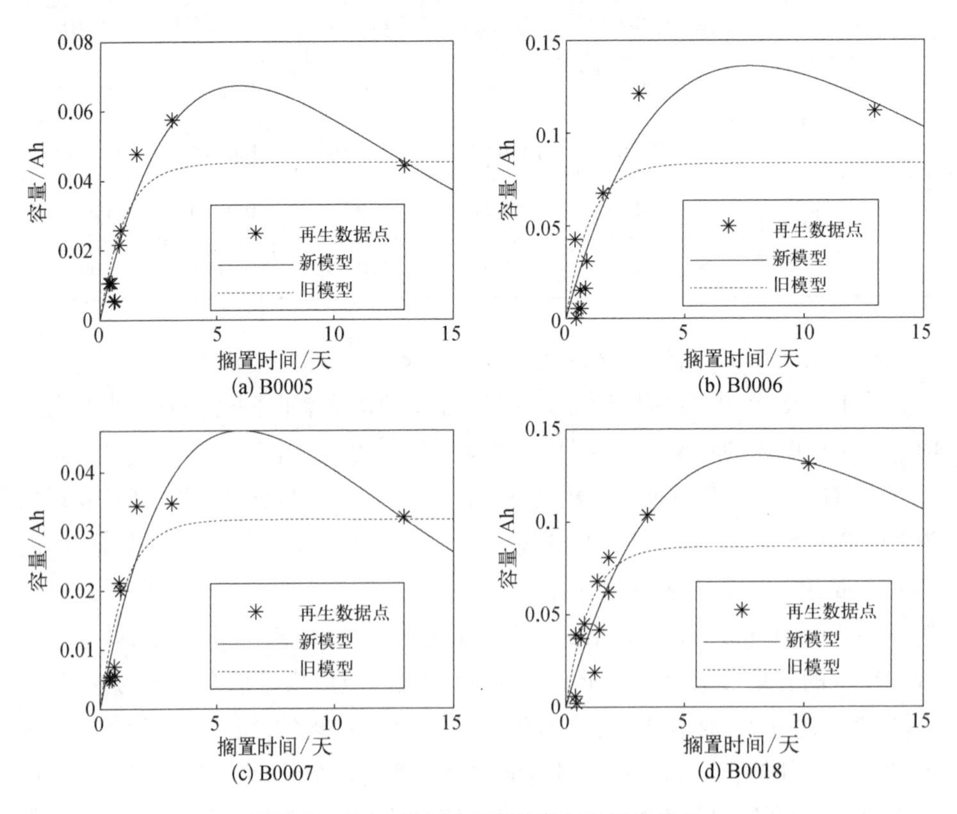

图 6.4　NASA 数据中的再生数据及拟合结果

表 6.3　容量再生数据的拟合效果

模　型	标　准	B0005	B0006	B0007	B0018
$f(x) = c \times x \times \exp(d \times x)$	R^2	0.874 7	0.834 1	0.834 8	0.837 4
	RMSE	0.007 2	0.019 2	0.005 6	0.016 3
$f(x) = c \times \exp(-x) - c$	R^2	0.719 5	0.587 5	0.754	0.607 5
	RMSE	0.010 2	0.028 6	0.006 5	0.024 2

3. 锂离子电池的加速退化模型

从图 6.1 可以看出，锂离子电池的加速衰退现象只出现在容量再生之后，且随着时间的推移，其衰退速率会逐渐恢复到正常的衰退速率，一般下降到容量再生前的水平时会恢复正常的衰退速率。通过观察发现，容量加速衰退的持续时间相对于整个锂离子电池的衰退周期来说很短，因此为了不增加模型的复杂度，不考虑对加速衰退阶段进行单独的建模，而是在正常衰退模型中加入加速衰退因子，使其满足从再生的容量衰退到再生之前的容量所需的周期与实际衰退所需的周期一致，因此加速衰退模型可表达为

$$f(x) = -(a + \beta) \times x + b \tag{6.5}$$

式中，β 为加速衰退因子。

从 B0005 中提取加速衰退阶段的数据，其中容量变化代表搁置后容量再生的值，周期代表容量从再生后的值衰退到再生前的值所需的周期，加速衰退速率代表容量变化除以周期的值，最后提取的计算结果如表 6.4 所示。

表 6.4　B0005 的加速衰退数据

序　号	容量变化/Ah	周期/次	加速衰退速率/(Ah/次)
1	−0.052 402 552	5	−0.010 480 51
2	−0.015 886 805	2	−0.007 943 403
3	−0.067 302 291	7	−0.009 614 613
4	−0.026 337 503	2	−0.013 168 751
5	−0.037 051 239	3	−0.012 350 413

续 表

序 号	容量变化/Ah	周期/次	加速衰退速率/(Ah/次)
6	-0.031 789 469	3	-0.010 596 49
7	-0.046 646 545	5	-0.009 329 309
均值	-0.039 630 915	3.857 142 857	-0.010 497 641

从表6.4可以看出,加速衰退速率不会随容量再生值的改变而出现较大的波动,因此采用均值-0.010 498作为加速衰退速率的值。$-a$ 是B0005正常的衰退速率,从前面的拟合结果可知 $-a$ 的值为-0.005 25,因此加速衰退因子的值为0.005 25。由上述分析可知,加速衰退阶段在整个阶段的比重很小,因此可以将该加速衰退因子作为所有电池在加速衰退阶段的加速衰退因子,从而减小模型的复杂程度,电池的加速衰退模型可表示为

$$f(x) = -(a + 0.00525) \times x + b \tag{6.6}$$

4. 锂离子电池的多状态经验退化模型

通过上述分析构建了锂离子电池在三种状态下的模型,最后将模型进行组合得到锂离子电池最终的多状态退化模型:

$$Q_k = \begin{cases} Q_{k-1} - (a + 0.005\,25) + f(t), & x \in [k_t,\ k_t + \text{cyc}] \\ Q_{k-1} - a + f(t), & x \in 其他 \end{cases} \tag{6.7}$$

式中,Q_k 代表第 k 个循环周期时电池的容量;$\text{cyc} = f(t)/0.010\,49$,表示容量再生后加速退化阶段持续的循环次数;$k_t$ 代表搁置时的电池的周期;$f(t)$ 代表容量再生模型,$f(t) = c \times t \times \exp(d \times t)$,$t$ 代表搁置时间,a、c、d 代表模型变量。

6.2.2 基于粒子群优化的随机扰动无迹粒子滤波算法

粒子群优化算法是一种基于群体智能理论的优化算法,它通过适应度函数不断更新两个最优参数:历史最优解 P_{best} 和全局最优解 G_{best},并基于这两个参数实现粒子集位置和速度的更新,从而完成对问题的寻优,其核心步骤主要为更新粒子集位置和速度,本章中粒子集位置和速度的更新过程如下:

$$\begin{aligned} v = w \times v &+ c_1 \times \text{rand}(1) \times (P_{\text{best}} - x) \\ &+ c_2 \times \text{rand}(1) \times (G_{\text{best}} - x) \end{aligned} \tag{6.8}$$

$$x = x + v \tag{6.9}$$

式中，w 代表惯性权重；c_1 和 c_2 代表学习因子，通常设置为 2。

w 的取值对算法的搜索能力影响较大，当 w 较大时，算法具有较强的全局搜索能力，但寻优速度较慢；当 w 较小时，算法具有较强的局部搜索能力，但容易陷入局部最优。因此，本章提出一种线性递减的惯性权重计算方法：

$$w = w_{\text{end}} + (w_{\text{start}} - w_{\text{end}}) \times (T_{\max} - T_k)/T_{\max} \tag{6.10}$$

式中，w_{start} 代表初始惯性权重，一般取值 0.9；w_{end} 代表迭代终止时的惯性权重，一般取值 0.4；$T_{\max}$ 代表最大迭代次数；T_k 代表当前迭代次数。

从第 2 章的仿真分析结果可以看出，RP－UPF 算法能够实现正常退化状态下模型的参数更新，这主要是因为正常退化状态的可用数据较多。然而多状态模型中包含了三种退化状态的模型，其中正常衰退速率下的衰退数据较充足，但容量再生数据较少，因此 RP－UPF 算法无法应用于容量再生模型的参数更新。针对上述问题，本章将 PSO 算法引入 RP－UPF 算法，利用 PSO 算法识别容量再生模型的参数，利用 RP－UPF 算法更新正常退化模型的参数，建立了 PSO－RP－UPF 算法，实现了多状态模型的参数识别和更新。PSO－RP－UPF 算法本质上是利用 PSO 算法对 RP－UPF 算法的状态转移方程和测量方程的部分参数进行识别，其流程如图 6.5 所示。

6.2.3　基于多状态退化模型和 PSO－RP－UPF 的锂离子电池剩余寿命预测方法

基于多状态经验退化模型和 PSO－RP－UPF 的锂离子电池 RUL 的预测流程如图 6.6 所示，其具体实现步骤如下。

第一步：模型初始化参数识别。其中，多状态模型中的正常退化模型参数采用模型拟合 B0005 的参数，具体如表 6.1 所示。容量再生模型的参数采用 PSO 算法进行参数识别。

第二步：算法相关参数设置。设置粒子数、过程噪声方差、测量噪声方差、失效阈值、预测起点的值及模型的初始化参数。本节中，粒子数设置为 1 000，失效阈值设置为额定容量的 70%，即 1.4 Ah，但由于 B0007 的退化数据未达到 1.4 Ah，因此 B0007 的失效阈值设置为额定容量的 75%，即 1.5 Ah。

第三步：构建状态转移方程和测量方程。根据多状态经验模型可以得出系统的状态转移方程和测量方程分别为

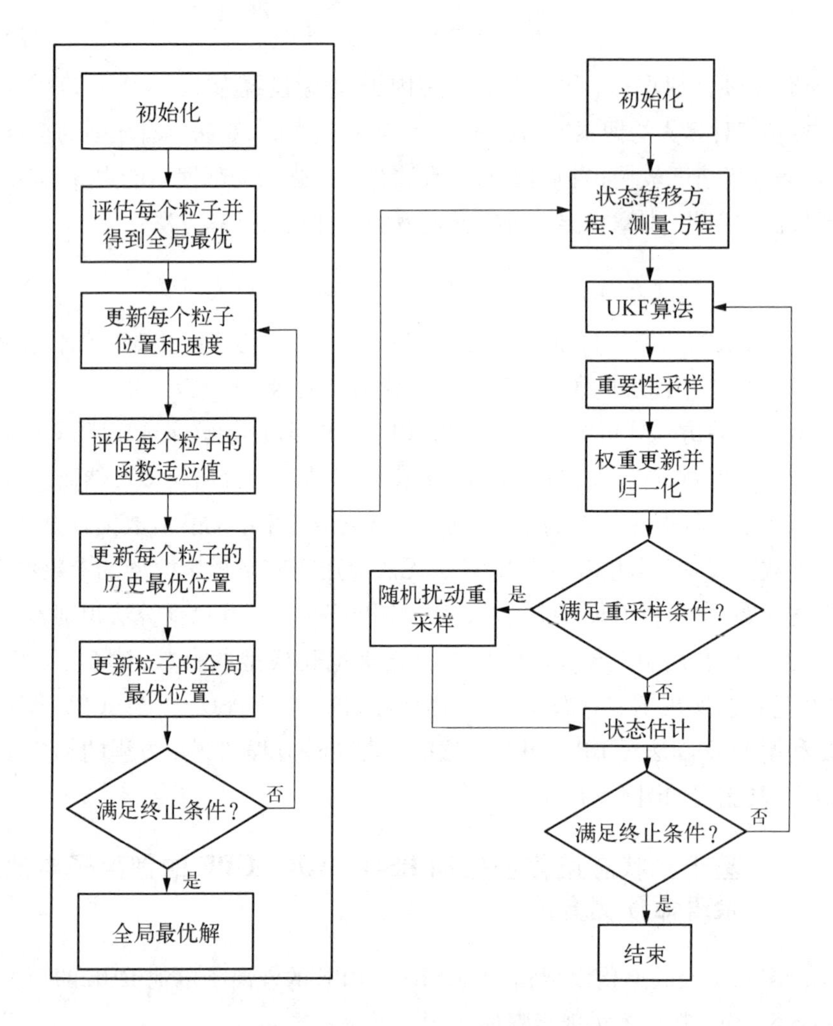

图 6.5　PSO - RP - UPF 算法流程图

$$a_k = a_{k-1} + w_a, \quad w \in (0, \sigma_a) \tag{6.11}$$

$$Q_k = \begin{cases} Q_{k-1} - (a_k + 0.005\,25) + f(t) + v_k \\ Q_{k-1} - a_k + f(t) + v_k \end{cases}, \quad v_k \in (0, \sigma_v) \tag{6.12}$$

式中，w_a 代表过程噪声；v_k 代表测量噪声；σ_a、σ_v 代表噪声方差；Q_k 代表 k 时刻测量的容量。

第四步：模型参数更新。根据设置的预测起点将数据分为训练集和测试集，其中预测起点之前的数据为训练集，采用 RP - UPF 算法实现模型参数的更新,直至迭代到预测起点,得到的模型即为最终的锂离子电池容量退化模型。

第五步: 计算 RUL 及其不确定性表达。通过获得的容量退化模型外推可以获得容量的预测值,当容量退化到失效阈值时所经过的周期数即为当前电池的 RUL。将预测起点处的每个粒子代入模型,外推可以获得每个粒子对应的 RUL,采用直方图画出所有 RUL 的分布即为预测结果的概率分布。

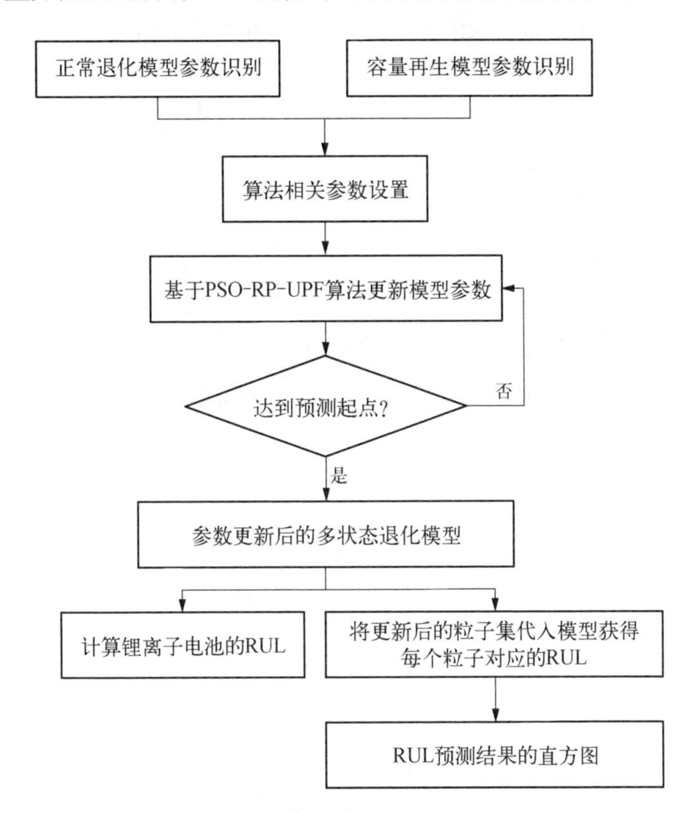

图 6.6　基于多状态退化模型和 PSO - RP - UPF 的锂离子电池 RUL 预测流程

6.2.4　仿真分析

本章采用 B0005 用于识别正常退化模型的初始参数,预测电池的现场退化数据用于识别容量再生模型的初始参数;B0006 和 B0007 用于实验验证分析,采用绝对误差 AE 和均方根误差 RMSE 作为预测结果的评价指标。则实验的具体步骤如下。

(1) 观察 B0006 的退化数据可以看到,B0006 在周期等于 90 时存在明显的容量再生现象，因此实验中预测起点设置为 $T=60$、75 和 89，采用双指数经验模型和多状态模型进行 RUL 预测，其中 $T=60$ 和 $T=89$ 时的 RUL 预测结果分别如图 6.7 和图 6.8 所示。

（2）观察 B0007 的退化数据可以看到，B0007 在周期等于 90 时也存在明显的容量再生现象，同时 B0007 的寿命周期相对较长，因此实验中设置预测起点为 $T=75$、89、105 和 115，用双指数经验模型和多状态模型进行 RUL 预测，其中 $T=75$ 和 $T=115$ 时的 RUL 预测结果分别如图 6.9 和图 6.10 所示。

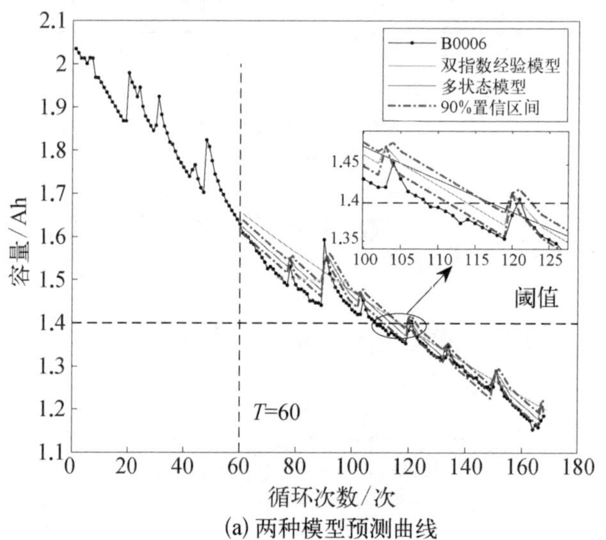

(a) 两种模型预测曲线

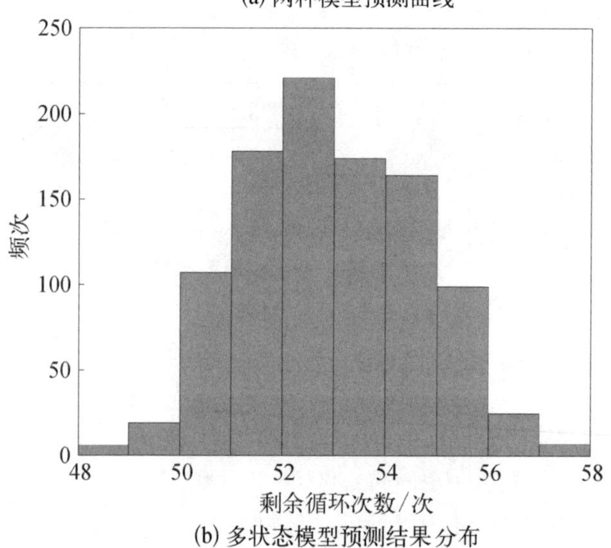

(b) 多状态模型预测结果分布

图 6.7 $T=60$ 时 B0006 的 RUL 预测结果

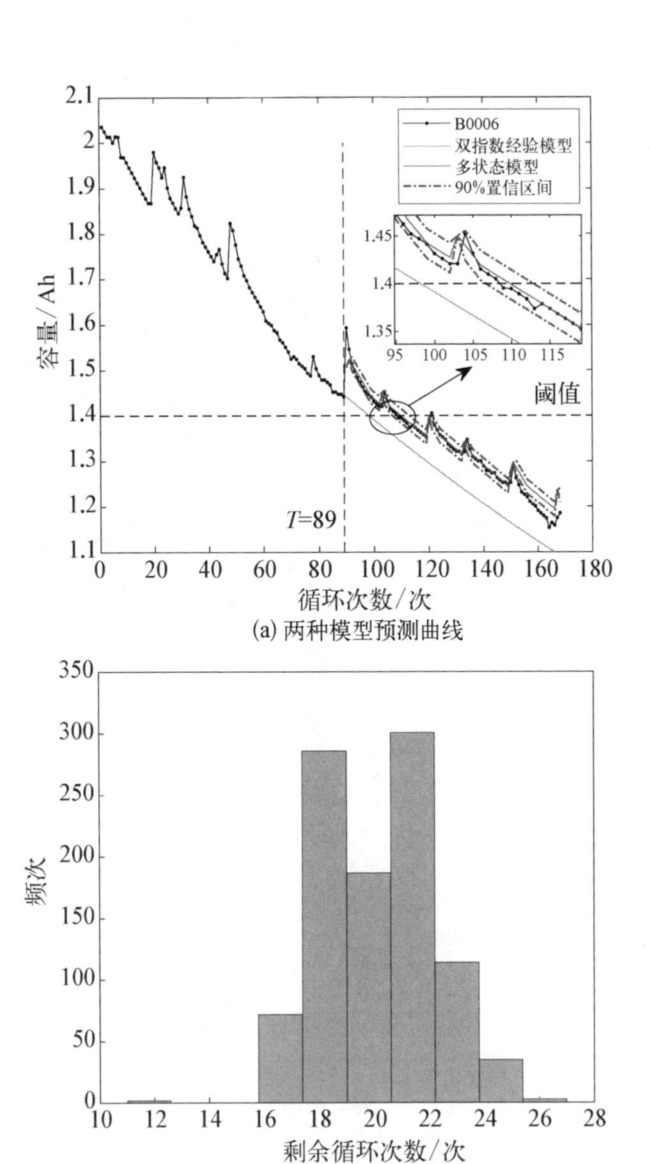

(a) 两种模型预测曲线

(b) 多状态模型预测结果分布

图 6.8　$T=89$ 时 B0006 的 RUL 预测结果

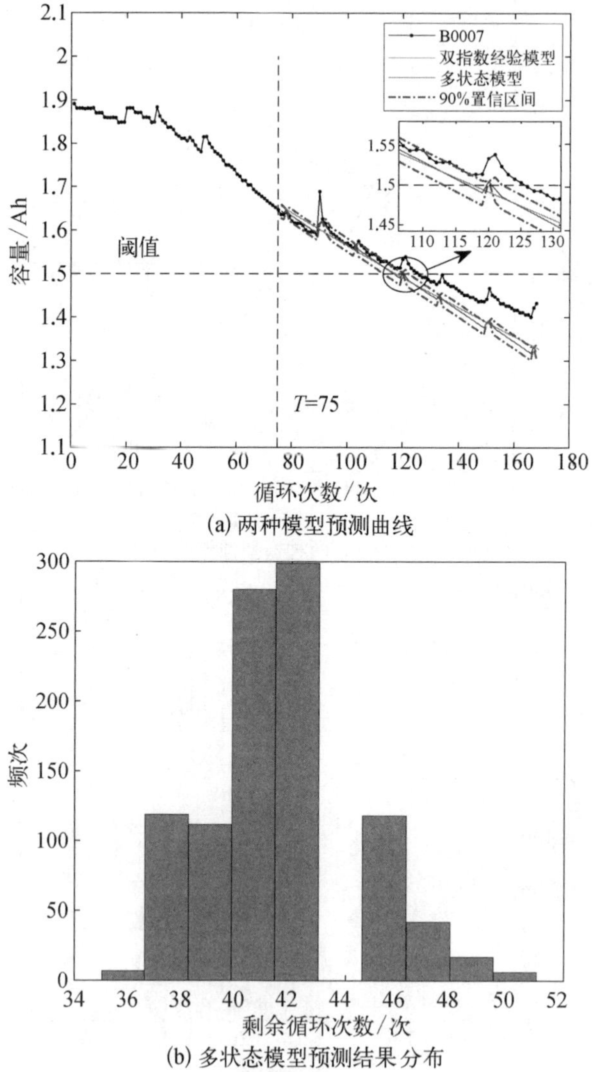

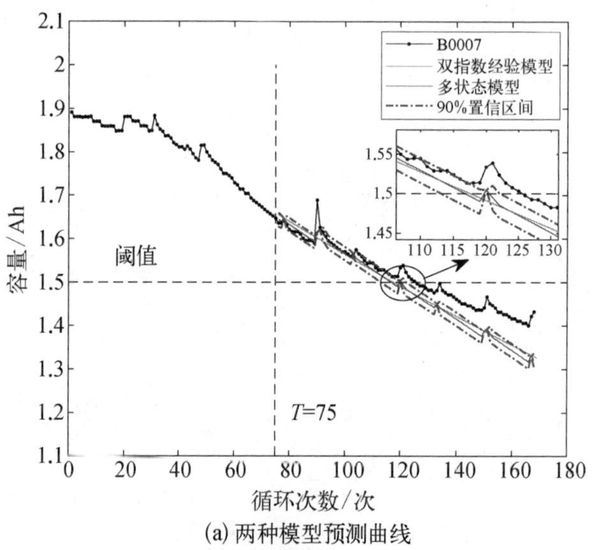

(a) 两种模型预测曲线

(b) 多状态模型预测结果分布

图 6.9　*T*=75 时 B0007 的 RUL 预测结果

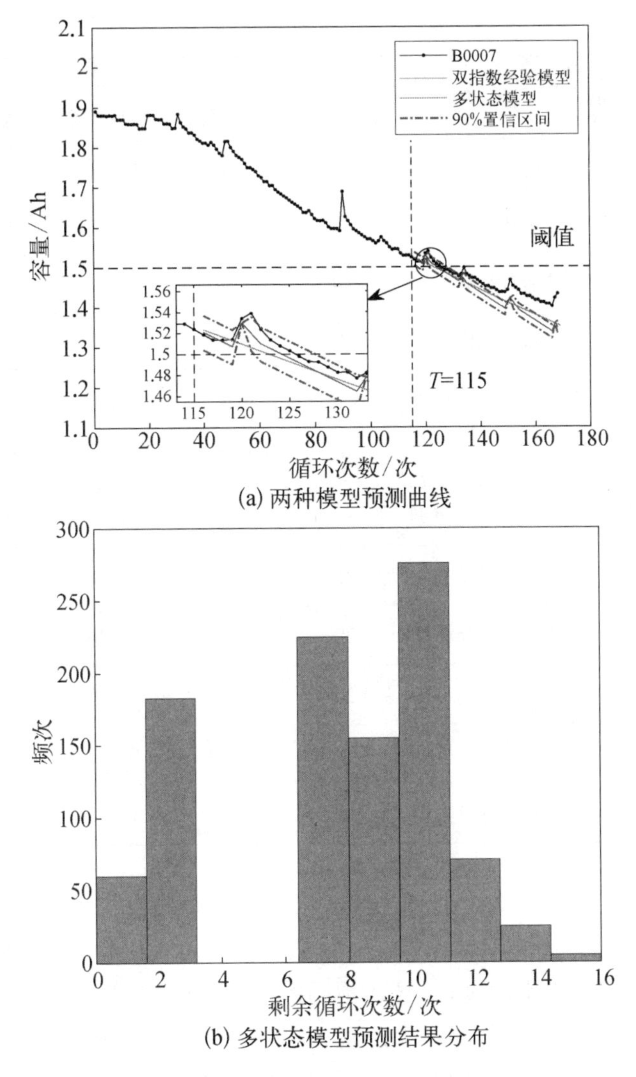

(a) 两种模型预测曲线

(b) 多状态模型预测结果分布

图 6.10　$T=115$ 时 B0007 的 RUL 预测结果

（3）归纳总结所有的预测结果,结果如表 6.5 所示。

表 6.5　锂离子电池 RUL 预测结果

电池型号	预测起点/次	模　型	实际 RUL/次	预测 RUL/次	置信区间/次	AE/次	RMSE
B0006	60	双指数经验模型	48	57	[46, 85]	9	0.061 2
		多状态模型	48	53	[51, 56]	5	0.034 7

续 表

电池型号	预测起点/次	模 型	实际RUL/次	预测RUL/次	置信区间/次	AE/次	RMSE
B0006	75	双指数经验模型	33	23	[13, 36]	10	0.052 5
		多状态模型	33	35	[32, 38]	2	0.017 9
	89	双指数经验模型	19	9	[0, 17]	10	0.068 7
		多状态模型	19	20	[17, 23]	1	0.022 7
B0007	75	双指数经验模型	50	42	[30, 61]	8	0.022 7
		多状态模型	50	41	[38, 47]	9	0.018 4
	89	双指数经验模型	36	25	[13, 38]	11	0.034 3
		多状态模型	36	26	[22, 30]	10	0.025 2
	105	双指数经验模型	20	19	[5, 36]	1	0.011 9
		多状态模型	20	19	[12, 23]	1	0.006 6
	115	双指数经验模型	10	7	[0, 22]	3	0.016 2
		多状态模型	10	9	[1, 12]	1	0.009

从图 6.7(a)、图 6.8(a)、图 6.9(a)和图 6.10(a)可以看出,两种模型都能够较好地实现锂离子电池 RUL 预测;然而,从图 6.8(a)可以发现,指数经验模型不能很好地拟合容量再生的过程,导致预测的 RUL 明显小于实际的 RUL,而多状态模型能够较好地拟合容量再生过程,预测结果较为准确。从图 6.7(b)、图 6.8(b)、图 6.9(b)和图 6.10(b)可以看出,基于多状态模型的锂离子电池 RUL 预测结果大致为正态分布,符合实际预测状态;其中,图 6.9(b)和图6.10(b)中存在分布间断的现象,这主要是因为 B0007 的失效阈值附近存在容量再生现象,导致分布出现间断。

对比分析表 6.5 中两种模型在相同预测起点下预测结果的 AE 和 RMSE 可以发现,多数状态下基于多状态模型的 RUL 预测方法的 AE 和 RMSE 都更小;特别是在预测起点为 89 时,B0006 预测结果的绝对误差相差了 9 个周期,RMSE 相差超过 0.04,这表明当预测起点附近存在容量再生现象时,基于指数经验模型的 RUL 预测方法的预测性能较差;而基于多状态模型的 RUL 预测结果的 AE 仅仅只有1个周期,表明提出的多状态模型能够实现考虑容量再生现象的锂离子电池RUL预测。

此外,对比相同预测条件下两种模型预测结果的置信区间可以发现,多状态模型预测获得的置信区间长度大约在10个周期以内,而指数经验模型的置信区间长度都在20个周期以上,这表明基于多状态模型的RUL预测方法能够提高预测精度。比较不同预测起点下基于多状态模型的RUL预测结果可以发现,AE和RMSE整体上呈现逐渐降低趋势,这符合实际预测情况,并且在不同的电池中,该方法也能取得较高的预测精度,表明提出的锂离子电池RUL预测方法具有较好的鲁棒性。

6.3 本章小结

本章针对容量再生现象导致的锂离子电池RUL预测精度不高的问题,提出了一种基于多状态经验模型和PSO-RP-UPF的锂离子电池RUL预测方法。

详细分析了锂离子电池的退化特征和容量再生现象,并将退化过程分为正常退化、容量再生和加速退化三种状态,对三种退化状态进行了建模,通过组合三种模型建立了锂离子电池的多状态模型,提高了模型对容量再生过程的拟合能力;利用正常退化模型拟合历史退化数据的方法获得正常退化模型的初始值,通过计算得到了加速退化模型中的加速因子。

提出了基于多状态经验模型和PSO-RP-UPF的锂离子电池RUL预测方法,利用训练集数据和PSO-RP-UPF算法实现了容量再生模型的参数识别和正常退化模型的参数更新,得到了更新后的多状态模型,利用模型对锂离子电池的容量进行了预测,记录容量衰退到失效阈值的循环周期数,实现了锂离子电池的RUL预测。

利用实例数据进行了实验验证,对比分析了基于指数经验模型的预测方法和基于多状态模型的预测方法在不同电池及不同预测起点下的预测结果。结果表明,本章提出方法的预测结果能够精确地拟合整体退化趋势和容量再生过程,并且当预测起点附近出现容量再生现象时也能够准确实现锂离子电池RUL预测,证明了本章提出方法的有效性。

参考文献

[1] Saha B, Goebel K. Modeling Li-ion battery capacity depletion in a particle filtering

framework[C]. Diego: Proceedings of the Annual Conference of the Prognostics and Health Management Society,2009.

[2] Eddahech A, Briat O, Vinassa J, et al. Lithium-ion battery performance improvement based on capacity recovery exploitation[J]. Electrochimica Acta, 2013, 114: 750 - 757.

[3] Zhou Y P, Huang M H. Lithium-ion batteries remaining useful life prediction based on a mixture of empirical mode decomposition and ARIMA model [J]. Microelectronics Reliability, 2016, 65: 265 - 273.

[4] 吴祎,王友仁.基于变分模态分解和高斯过程回归的锂离子电池剩余寿命预测方法[J].计算机与现代化,2020(2): 83 - 88.

[5] 曲杰,赵小涵,甘伟.基于小波降噪-支持矢量机的锂离子电池剩余使用寿命预测模型[J].机械设计与制造工程,2020,49(1): 81 - 84.

[6] Duong P L T, Raghavan N. Heuristic Kalman optimized particle filter for remaining useful life prediction of lithium-ion battery[J]. Microelectronics Reliability, 2018, 81(81): 232 - 243.

[7] MiaoQ, Xie L, Cui H J, et al. Remaining useful life prediction of lithium-ion battery with unscented particle filter technique [J]. Microelectronics Reliability, 2013, 53(6): 805 - 810.

[8] Zhang H, Miao Q, Zhang X, et al. An improved unscented particle filter approach for lithium-ion battery remaining useful life prediction [J]. Microelectronics Reliability, 2018, 81: 288 - 298.

[9] Zhang X, Miao Q, Liu Z W. Remaining useful life prediction of lithium-ion battery using an improved UPF method based on MCMC[J]. Microelectronics Reliability, 2017, 75: 288 - 295.

[10] 陶耀东,李宁.工业锂电池退化过程研究与剩余使用寿命预测[J].计算机系统应用,2017,26(2): 235 - 239.

[11] 严仁远.考虑容量恢复效应的锂离子电池剩余寿命预测[D].杭州: 浙江大学,2018.

第 7 章

锂离子电池在不同充电策略下的剩余寿命预测

锂离子电池实际工作中存在许多复杂工况,其中一种常见的工况是充电策略变化下的运行工况。目前,基于数据驱动的锂离子电池剩余寿命预测方法大都以恒定工况为训练数据,针对恒定工况下的锂离子电池剩余寿命预测较为准确,但是缺乏对锂离子电池不同充电策略的剩余寿命预测方法的研究,同时由充电策略变化引起的锂离子电池充电过程中电压、电流等参数多变的问题导致传统间接健康因子的构建较为困难。因此,为提高锂离子电池剩余寿命预测的适用性,构建剩余寿命健康因子新方法具有重要意义。

7.1 问题分析

选用 NASA 艾姆斯研究中心的电池数据集 B0005 和 B0006,电池数据参数为额定容量 2 Ah,额定电压 4.2 V。在室温下以 1.5 A 的恒定电流模式进行充电,直到电池电压达到 4.2 V,然后以恒定电压模式继续充电,直到充电电流降至 20 mA,以 2 A 的恒定电流进行放电,直到电池 B0005 和 B0006 的电压降至 2.7 V 和 2.5 V。

另外,选用的数据集来于斯坦福大学-麻省理工学院(Massachusetts Institute of Technology, MIT)数据集,电池种类为 $LiFePO_4$(LFP)/石墨电池,电池额定容量为 1.1 Ah,上下截止电压为 3.6 V 和 2.0 V,充电策略为两步快速充电 C1(Q1)-C2,其中 C1 为第一步充电策略,Q1 为电流切换时的荷电状态,采用第二充电策略 C2 充电至荷电状态为 80%时,电池改变充电策略,统一为 1C 模式充电。图 7.1 所示为两类电池的容量衰退曲线。

从容量变化曲线中可以看出,不同充电策略状态会影响锂离子电池容量的衰退趋势,从局部的变化来看,容量再生现象在电池整个生命周期中都存在,要

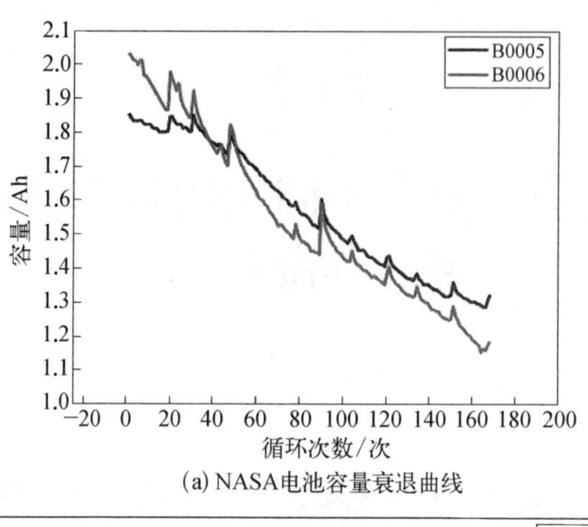

(a) NASA电池容量衰退曲线

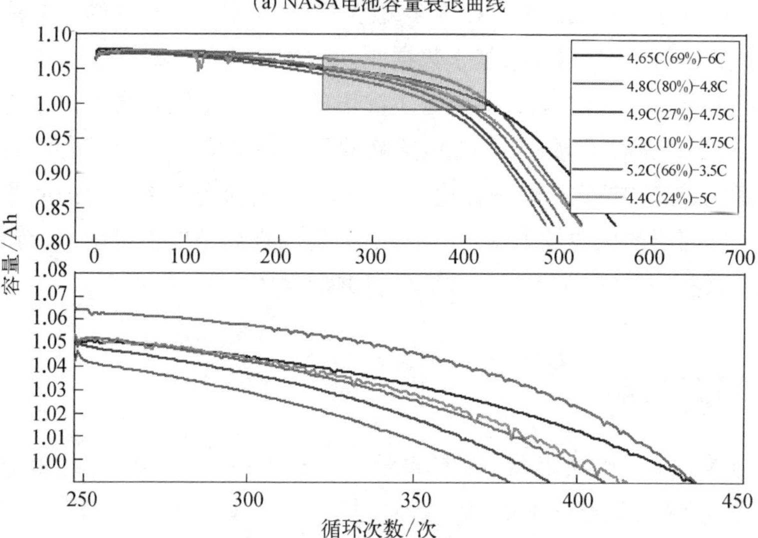

(b) 斯坦福大学-MIT充电策略变化下的容量衰退曲线

图 7.1 电池容量衰退曲线

获取准确的锂离子电池 RUL 预测模型,则与健康因子的选择密切相关。健康因子由电池运行过程中产生的参数构造而成,在本章,针对具有不同充电策略的斯坦福大学- MIT 数据集进行健康因子的构建。

目前,锂离子电池健康状态判定主要有两种方法,分别为基于模型的方法与基于数据驱动的方法[1]。基于模型的方法需要专业的知识并且构造复杂,适用性不佳;而基于数据驱动的方法近年来得到了广泛发展,这一类方法不需要了解电池失效方面的专业知识,直接从锂电池运行过程中产生的相关参数,如电压、电流、内阻等数据获取电池性能退化的规律,并建立剩余寿命预测模型,具有较强的适用性[2]。目前，比较常用的方法有支持向量机（SVR）[3,4]、相关向量机（RVM）[5,6]及极限学习机（ELM）[7-9]等方法，SVR 方法的内核参数确认较为困难[10]，因此出现了灰狼优化[11]、粒子群优化[12]等算法用于对内核参数进行确定；针对 RVM，使用海鸥优化和混沌蝙蝠优化算法选择输入量与核参数；ELM 算法的参数易陷入局部最优，因此目前使用遗传算法[13]等对隐含层的输入权值和阈值进行优化。这些优化算法彼此间有细微的差别，通过对比发现其并不显著影响剩余寿命预测结果，改进后的算法具有较好的模型学习能力与预测性能。但是在电池运行后期，模型跟踪效果普遍较差，因此需要进行改进。

然而，上述文献中所描述的实验使用 NASA 卓越预测中心和马里兰高级生命周期工程中心在恒定工况下得到的电池循环数据集，充电过程始终保持一致的策略。实际应用中，锂离子电池并不会始终以恒定工况循环，为延长锂离子电池的使用时间，充电策略会随着电池容量而发生变化。因此，上述文献基于恒定工况下训练得到的模型可能无法适应变化的情况，这就造成模型的适用范围较为狭窄，无法应用于电池的实际使用过程中。

针对上述问题，本章提出一种基于放电电压平均变化速率的锂离子电池剩余寿命预测方法，首先随电池运行而更新训练数据来进行模型训练，逐渐循环获得实时更新的电池剩余寿命预测模型。然后，针对数据量标准化导致模型适用性不佳的问题，提出使用 NASA 卓越预测中心在恒定工况下得到的数据集与斯坦福大学- MIT 变化充电策略电池数据集进行训练验证模型。

7.2　基于放电电压平均变化速率的锂离子电池剩余寿命预测方法

7.2.1　健康因子构建

锂离子电池充电过程中由低电压至相对高的电压所经历的时间与电池在循环过程中的容量衰减趋势一致。可变充电策略下，在锂离子电池的充电过程中，由于输入电流变化，各个充放电循环之间的等压充电时间无法保持与容量衰减趋势一致。针对上述问题，提出从放电过程中提取间接健康因子。在锂离子电池放电过程中存在负载变化，导致放电时间长短不一，但是由于受到设备固有用电规律的限制，会存在一段稳定的放电过程，设备在这一区间会保持恒定功率用电。实验发现，锂离子电池放电过程中电压的下降速度会随着循环次数的增加

而逐渐加快,因此在每一次充放电过程中,提取放电过程中某一电压区间变化的速率作为健康因子,即

$$v_i = \frac{\Delta U}{\Delta T_i}, \quad i = 1, 2, 3, \cdots, n \tag{7.1}$$

$$\Delta T_i = | T_i^l - T_i^h |, \quad i = 1, 2, 3, \cdots, n \tag{7.2}$$

式中,ΔT 为等压降放电时间;T_i^l 为第 i 次循环低电压对应的时刻;T_i^h 为第 i 次循环高电压对应的时刻;n 为锂离子电池最大循环次数。则电池放电速率序列为

$$v_{\mathrm{HI}} = \{v_1, v_2, v_3, \cdots, v_n\} \tag{7.3}$$

以 B0005 与两组不同充电策略电池数据集提取的健康因子为例,得到的健康因子变化趋势如图 7.2 所示。

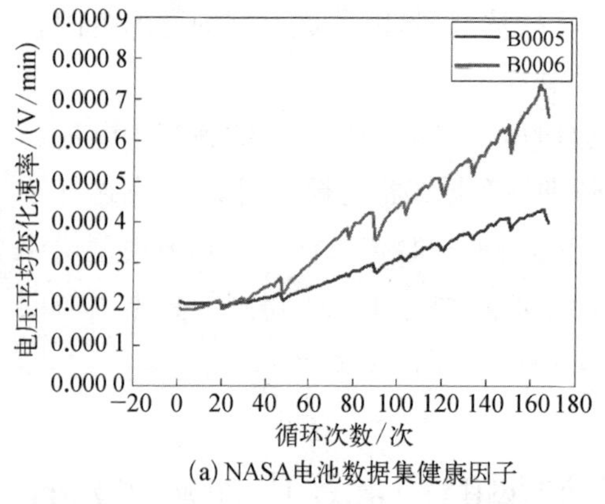

(a) NASA电池数据集健康因子

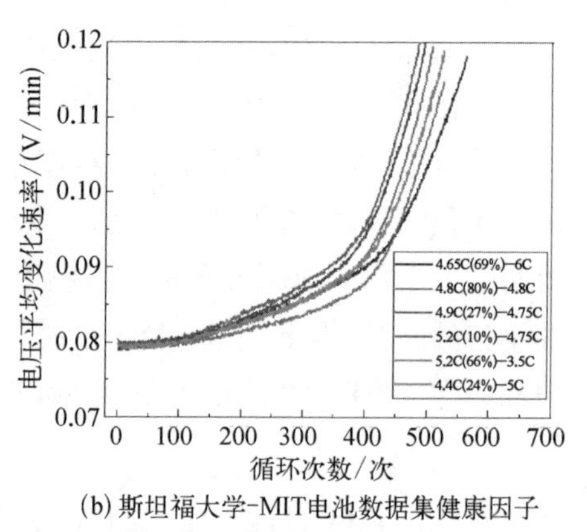

(b) 斯坦福大学-MIT电池数据集健康因子

图 7.2 充电策略变化的预测健康因子

为验证提取得到的健康因子与电池容量之间的相关性,对两种健康因子与电池容量作相关性分析,得到的结果如表 7.1 所示,为便于查看,将斯坦福大学-MIT 的不同充电策略分别进行编号。采用偏相关系数进行相关性分析,偏相关系数的计算公式表示如下:

$$R = \frac{R'_{\mathrm{HI},Q} - R'_{\mathrm{HI},N} R'_{Q,N}}{\sqrt{1 - R'^2_{\mathrm{HI},N}}\sqrt{1 - R'^2_{Q,N}}} \tag{7.4}$$

式中,R' 为变量间的线性相关性;HI 表示健康因子;Q 表示电池容量;N 表示循环次数。R' 的计算表达式如下:

$$R' = \frac{\sum (h_i - \bar{h})(g_i - \bar{g})}{\sqrt{\sum (h_i - \bar{h})^2 \sum (g_i - \bar{g})^2}} \tag{7.5}$$

表 7.1　提取的健康因子与电池容量的相关性分析

电池/策略编号	相　关　性
B0005	−0.986
B0006	−0.967
策略 1	−0.999
策略 2	−0.999
策略 3	−0.998
策略 4	−0.999
策略 5	−0.999
策略 6	−0.998

根据偏相关系数的定义：变量间的线性相关性分为极强相关（R' 介于 0.8~1.0）、强相关（R' 介于 0.6~0.8）、中度相关（R' 介于 0.4~0.6）、弱相关（R' 介于 0.2~0.4）、极弱相关（R' 介于 0~0.2）、不相关（R' 为 0）[14]。从表 7.1 中可以看出，所提取的电池健康因子与容量具有强相关性，表明所提取的健康因子有效。

7.2.2　方法的具体实施步骤

针对充电策略可变的锂离子电池剩余寿命预测方法的具体步骤如下。

第一步：构建充电策略变化的锂离子电池的间接健康因子，获取历史容量数据，即

$$v_i = \frac{U_i^l - U_i^h}{|T_i^l - T_i^h|}, \quad i = 1, 2, 3, \cdots, n \tag{7.6}$$

$$v_{\mathrm{HI}} = \{v_i, v_{i+1}, v_{i+2}, \cdots, v_c\}, \quad c \leqslant i \leqslant c_{\mathrm{zong}} \tag{7.7}$$

$$R = \{R_{i+5}, R_{i+6}, R_{i+7}, \cdots, R_{c+5}\}, \quad c \leqslant i \leqslant c_{\mathrm{zong}} \tag{7.8}$$

第二步：训练数据集归一化处理，得到归一化训练数据集（v_{HI}, r），即

$$\Delta v_i = \frac{\Delta v_i - \Delta v_{\min}}{\Delta v_{\max} - \Delta v_{\min}}, \quad i = 1, 2, \cdots, n \tag{7.9}$$

$$r_i = \frac{R_i - R_{\min}}{R_{\max} - R_{\min}}, \quad i = 1, 2, \cdots, n \tag{7.10}$$

第三步：初始化 RELM 参数隐含层数目设置为 3，激励函数为“sigmoid”，输入权值 w_i 和偏差 b_i，使用引力搜索算法进行两参数的寻优，得到最优的 RELM 输入权值 w_i 和偏差 b_i：

$$w_i = (w_i^1, \cdots, w_i^d, \cdots, w_i^n) \tag{7.11}$$

$$b_i = (b_i^1, \cdots, b_i^d, \cdots, b_i^n) \tag{7.12}$$

$$F_{ijw}^d = G(t)\frac{M_{pi}(t)M_{aj}(t)}{R_{ij}(t) + \varepsilon}[w_j^d(t) - w_i^d(t)] \tag{7.13}$$

$$F_{ijb}^d = G(t)\frac{M_{pi}(t)M_{aj}(t)}{R_{ij}(t) + \varepsilon}[b_j^d(t) - b_i^d(t)] \tag{7.14}$$

$$m_t(t) = \frac{\text{fit}_i(t) - \text{worst}(t)}{\text{best}(t) - \text{worst}(t)} \tag{7.15}$$

$$M_i(t) = \frac{m_i(t)}{\sum_{j=1}^{N} m_j(t)} \tag{7.16}$$

第四步：载入新的放电电压平均变化速率归一化数据 v'_{HI} 进行预测，获得预测结果 r'，即

$$r' = \beta g(t'_{\text{HI}}) = \beta g(w \times t'_{\text{HI}} + b) \tag{7.17}$$

第五步：将预测结果 r' 进行反归一化处理，得到实际锂离子电池中后期容量预测数据 R'，得到锂离子电池充电策略变化下的预测结果 R'。

第六步：统计到达失效阈值的循环次数，得到锂离子电池剩余寿命，对预测结果 R' 进行分析。

在 4.1 节构建的健康因子的基础上，提出针对充电策略可变的锂离子电池剩余寿命预测方法，具体算法流程如图 7.3 所示。

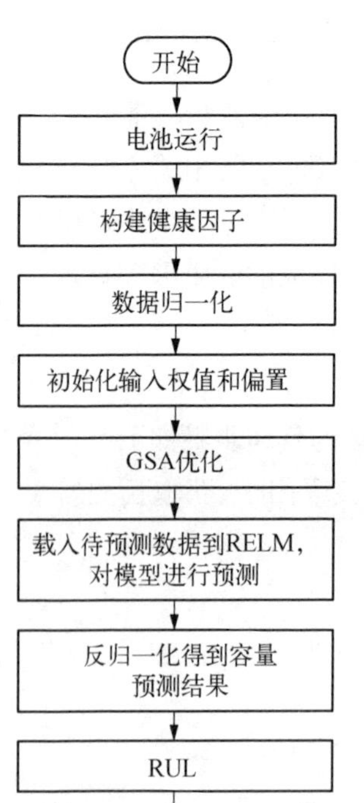

图 7.3　锂离子电池充电策略变化的剩余寿命预测算法流程

采用平均绝对误差（mean absolute error，MAE）和均方根误差（root-mean-square error，RMSE）作为评估标准：

$$\mathrm{RMSE}=\sqrt{\frac{1}{n}\sum_{i}^{n}\left(Q_i-Q_i'\right)^2} \tag{7.18}$$

$$\mathrm{MAE}=\frac{1}{n}\sum_{i}^{n}\left|Q-Q'\right| \tag{7.19}$$

式中，Q_i 为真实值，即锂离子电池实际容量；Q_i' 为预测容量值；n 为循环次数。

当锂离子电池的容量降至失效阈值时，循环次数的实际值与预测值之间的误差定义如下：

$$E_r=\left|P_{\mathrm{RUL}}-R_{\mathrm{RUL}}\right| \tag{7.20}$$

$$\mathrm{PE}_r=\frac{\left|P_{\mathrm{RUL}}-R_{\mathrm{RUL}}\right|}{R_{\mathrm{RUL}}}\times 100\% \tag{7.21}$$

式中，P_{RUL} 为预测循环次数；R_{RUL} 为实际循环次数。

7.2.3 仿真分析

1. 训练数据集最佳规模确定

实验选用的电池数据来源于 NASA 艾姆斯研究中心的电池数据集 B0005、B0006 及斯坦福大学-MIT6 种充电策略的数据集，对所提出的间接健康因子进行验证，通过预测结果的均方根误差与平均绝对误差对预测结果进行分析。

实验中训练数据的初始规模为 30 组，然后通过插补的方法进行训练数据集的扩充，为确定模型训练集的最佳数量，降低模型训练复杂度，提升模型的适用性能，在两类数据集中各选择一组，分别为 B0005 号与策略 1 对应的电池数据，对电池数据进行划分，前者将训练集的容量分为 6 个档次，分别为 30 组、40 组、50 组、60 组、70 组、80 组，后者将训练集分为 8 个档次，分别为 200 组、100 组、80 组、70 组、60 组、50 组、40 组、30 组，获得的实验结果误差如图 7.4 所示。

从图 7.4 中可以看出，当不更新训练数据集，仅仅通过电池历史数据集对电池容量进行预测时，得到的预测结果偏差较大，而通过逐步更新训练数据集，可显著降低预测误差，因此所提出的循环更新预测模型有效。此外，对于不同大小的训练数据量，预测结果也不相同，这是因为模型学习数据量越大，无用的衰减信息越多，对电池容量的跟踪效果越差。综合预测误差，可以看出，对 B0005 这

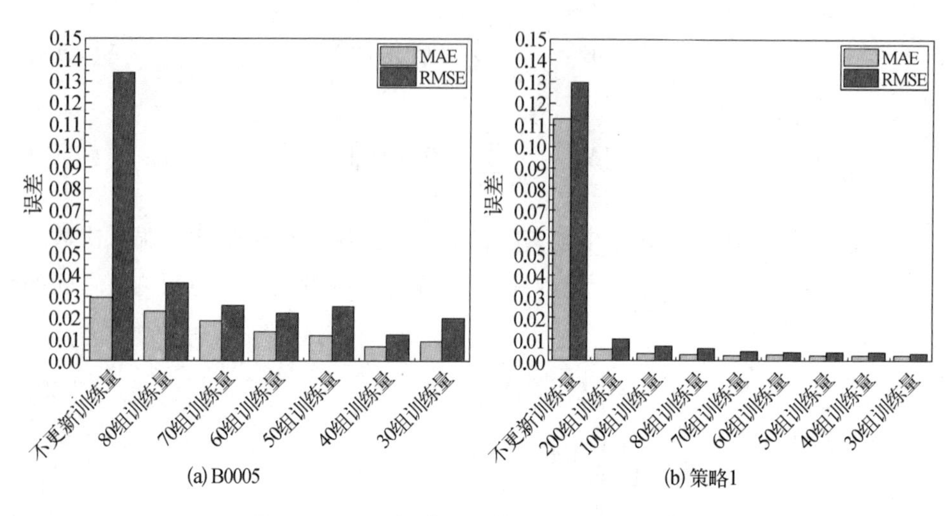

(a) B0005　　(b) 策略1

图 7.4　不同训练数据规模下的预测结果误差

一类电池，循环更新数据集选择 60 组为最佳，既能够保证准确学习容量与健康因子的关系，也能较好地保持在一个低误差水平；而对于斯坦福大学－MIT 这类电池，选择 80 组循环训练数据较好。ELM 模型隐含层数目选择为 2，激活函数为“sigmod”。

2. 锂离子电池剩余寿命预测结果分析

通过误差分析确定了循环训练数据量与模型参数，由此可以进行两种电池在不同充电策略下的剩余寿命预测，验证所提方法的有效性，并通过 MAE 与 RMSE 评估模型的跟踪效果，通过 E_r 和 PE_r 评估模型预测寿命的准确度，预测结果如图 7.5 所示。

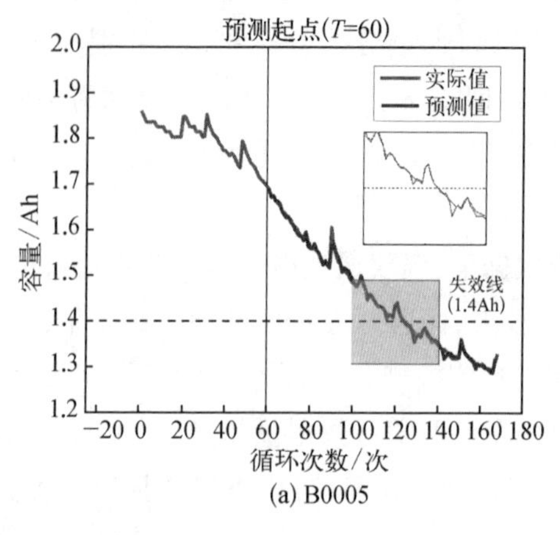

(a) B0005

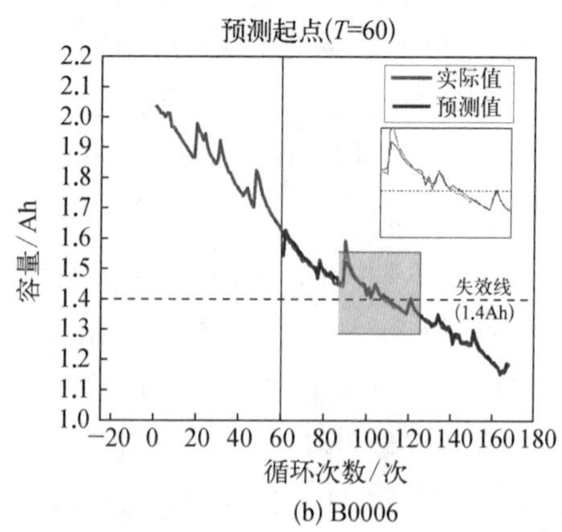

(b) B0006

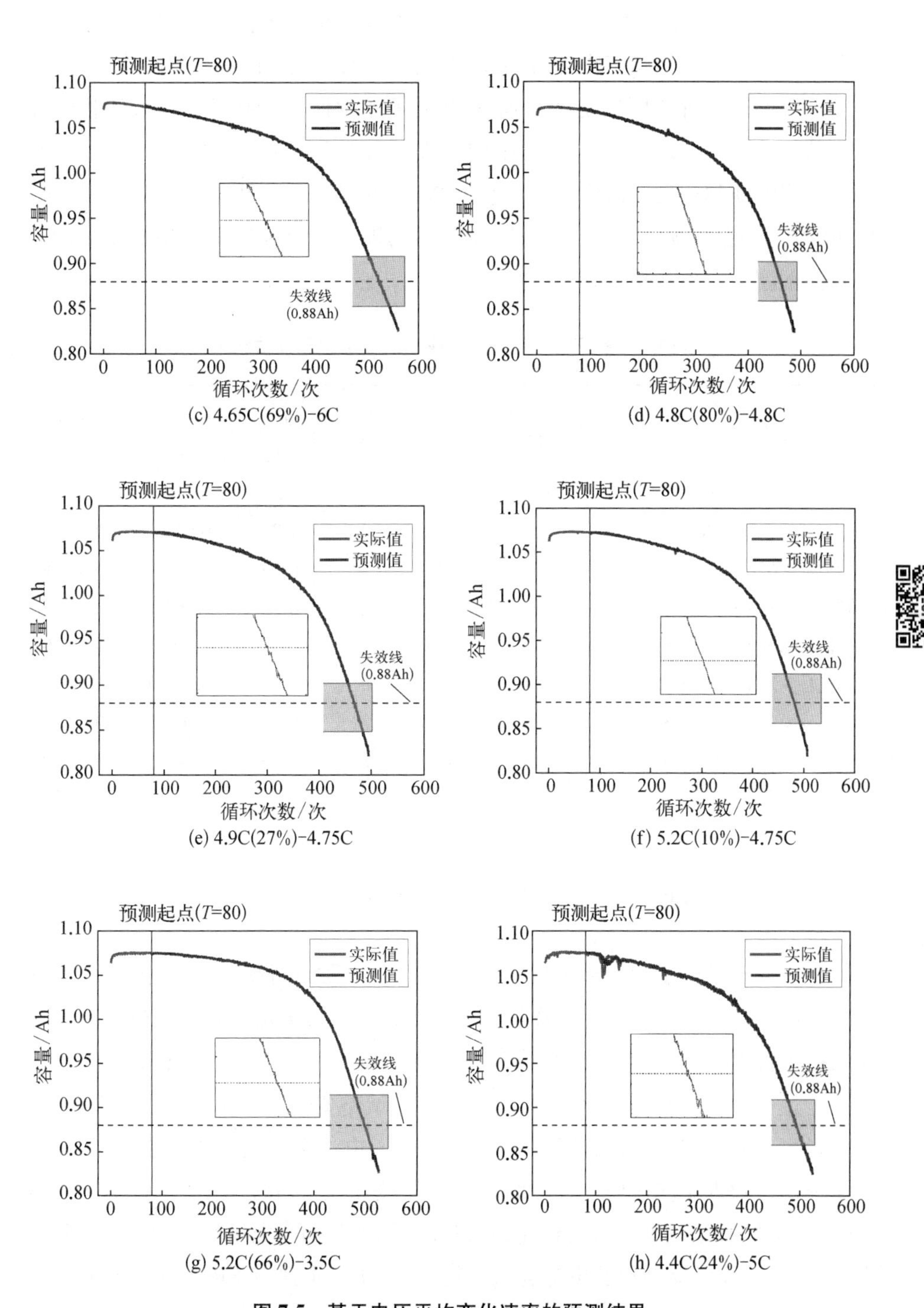

图 7.5　基于电压平均变化速率的预测结果

从图7.5的预测结果来看,所提出的健康因子构建方法既可以对恒定工况的电池容量退化进行紧密跟踪,也可以对充电策略变化下的电池容量准确跟踪,且不论在电池运行早期还是中后期,都能准确预测锂离子电池容量,泛化性能好。从表7.2的分析结果看,针对不同种类、不同充电策略的锂离子电池,能够准确预测电池到达失效阈值时的循环次数,预测结果的RMSE与MAE值较小,E_r 和 PE_r 的最小值为0。综上所述,所提出的锂离子电池充电策略变化下的剩余寿命预测方法预测精度高、泛化性能好。

表7.2　基于电压平均变化速率的模型预测评估结果

数据类型	R_{RUL}/次	P_{RUL}/次	E_r/次	PE_r	RMSE	MAE
B0005	124	124	0	0	0.006 7	0.004 4
B0006	108	110	2	1.85	0.013 4	0.008 9
策略1[4.65C(69%)-6C]	527	526	1	0.19	0.001 0	0.000 8
策略2[4.8C(80%)-4.8C]	461	460	1	0.22	0.001 1	0.000 9
策略3[4.9C(27%)-4.75C]	468	468	0	0	0.001 2	0.000 9
策略4[5.2C(10%)-4.75C]	481	481	0	0	0.000 9	0.000 7
策略5[5.2C(66%)-3.5C]	499	497	2	0.40	0.001 1	0.000 8
策略6[4.4C(24%)-5C]	494	493	1	0.20	0.002 8	0.001 8

7.3　本章小结

针对放电策略变化下的锂离子电池剩余寿命预测问题,本章提出了一种基于放电电压平均变化速率的锂离子电池剩余寿命预测方法。首先分析了不同充电策略下锂离子电池的退化规律,提取了同一用电规律下的端电压和时间,计算了放电过程中电压平均变化速率,构建了充电策略变化下的间接预测健康因子。

提出了基于GSA优化RELM参数的锂离子电池中后期预测方法,利用锂离子电池训练数据不同规模的预测结果,确定了最佳训练数据量,利用训练数据对GSA-RELM算法的参数进行优化,获得锂离子在不同充电策略下的间接预测模型,利用预测模型对锂离子电池容量进行预测,实现了锂离子电池在不同充电策略下的RUL预测。

采用 NASA 数据集与斯坦福大学- MIT 数据集进行了实验验证，对比分析了所提出方法在恒定工况、充电策略变化工况下的锂离子电池 RUL 预测结果。实验表明，该方法预测精度高、泛化性能好，证明了本章方法的有效性。

参考文献

[1] Lyu Z Q, Gao R J, Li X Y. A partial charging curve-based data-fusion-model method for capacity estimation of Li-ion battery[J]. Journal of Power Sources, 2021, 483: 229131.

[2] Xu X D, Yu C Q, Tang S J, et al. Remaining useful life prediction of lithium-ion batteries based on wiener processes with considering the relaxation effect[J]. Energies, 2019, 12(9): 1685.

[3] Chang C C, Lin C J. Training nu-support vector regression: theory and algorithms.[J]. Neural Computation, 2002, 14(8): 1959 - 1977.

[4] 解冰.基于支持向量机的锂离子电池寿命预测方法研究[D].武汉：华中科技大学，2012.

[5] Tipping M E. Sparse bayesian learning and the relevance vector machine[J]. Journal of Machine Learning Research, 2001, 1(3): 211 - 244.

[6] 李赛，庞晓琼，林慧龙，等.基于相关向量机的锂离子电池剩余寿命预测[J].计算机工程与设计，2018，39(8)：2682 - 2686.

[7] Huang G B, Zhu Q Y, Siew C K. Extreme learning machine: theory and applications[J]. Neurocomputing, 2006, 70(3): 489 - 501.

[8] 姜媛媛，刘柱，罗慧，等.锂电池剩余寿命的 ELM 间接预测方法[J].电子测量与仪器学报，2016，30(2)：179 - 185.

[9] Ali J, Shi Y S, Rehman A, et al. Predictive prognostic model for lithium battery based on a genetic algorithm (GA-ELM) extreme learning machine[J]. International Journal of Scientific and Research Publications (IJSRP), 2020, 10(12): 213 - 219.

[10] 宋哲，高建平，潘龙帅，等.基于主成分分析和改进支持向量机的锂离子电池健康状态预测[J].汽车技术，2020(11)：21 - 27.

[11] 王瀛洲，倪裕隆，郑宇清，等.基于 ALO-SVR 的锂离子电池剩余使用寿命预测[J].中国电机工程学报，2021，41(4)：1445 - 1457，1550.

[12] 何畏，罗潇，曾珍，等.利用 QPSO 改进相关向量机的电池寿命预测[J].电子测量与仪器学报，2020，34(6)：18 - 24.

[13] 陈则王，李福胜，林娅，等.基于 GA-ELM 的锂离子电池 RUL 间接预测方法[J].计量学报，2020，41(6)：735 - 742.

[14] 史永胜，洪元涛，丁恩松，等.基于改进型极限学习机的锂离子电池健康状态预测[J].电子器件，2020，43(3)：579 - 584.

第 8 章

不同放电策略下的锂离子电池剩余寿命预测

锂离子电池实际工作中存在许多复杂工况，其中一种常见的工况是放电策略变化下的运行工况。目前，基于数据驱动的锂离子电池剩余寿命预测方法大都以恒定工况为训练数据[1-6]，针对恒定工况的锂离子电池剩余寿命预测较为准确，但是缺乏对锂离子电池不同放电策略的剩余寿命预测方法的研究，同时由放电策略变化引起的锂离子电池放电过程中电压、电流等参数多变导致传统间接健康因子的构建较为困难。因此，为提高锂离子电池剩余寿命预测的适用性，构建剩余寿命健康因子新方法具有重要意义。

8.1 问题分析

锂离子电池是一种广泛应用的二次电池[1]，目前的剩余寿命预测方法研究主要针对恒定工况，但是在实际使用中并未严格按照恒定工况进行充放电循环，因此需要探索放电策略对电池老化产生的影响。选用 NASA 电池数据集的 B0005 号电池进行探索分析，电池型号参数为额定容量 2 Ah，额定电压 4.2 V。在室温下以 1.5 A 的恒定电流模式进行充电，直到电池电压达到4.2 V，然后以恒定电压模式继续充电，直到充电电流降至 20 mA，以 2 A 的恒定电流进行放电，直到电池的电压分别降至 2.7 V、2.5 V、2.2 V，三块电池都处于完全充放电状态[2]。提取数据集中的容量，得到如图 8.1 所示电池容量随循环次数的衰退曲线。进一步，使用线性拟合方法，对三组电池数据进行趋势分析，得到三条直线，如图 8.2所示，其表达式为

$$\text{B0005:}\quad y_{\text{B0005}} = 1.899\,23 - 0.003\,87x_1 \tag{8.1}$$

$$\text{B0006:}\quad y_{\text{B0006}} = 1.976\,67 - 0.005\,09x_2 \tag{8.2}$$

$$\text{B0007:}\quad y_{\text{B0007}} = 1.920\,69 - 0.003\,27x_3 \tag{8.3}$$

式中，x 为循环次数；y 电池容量。从表达式可以直观地看出，针对 NASA 电池数据集，不同截止电压下电池容量的衰减趋势不同，截止电压与容量衰减速率之间并没有准确的映射关系。图 8.2 中，B0005 号电池的放电电压区间为 4.2～2.7 V，B0005 号电池的放电电压区间为 4.2～2.5 V，B0007 号为 4.2～2.2 V，三者的衰减速率存在较大差异，和截止电压没有明显关系。

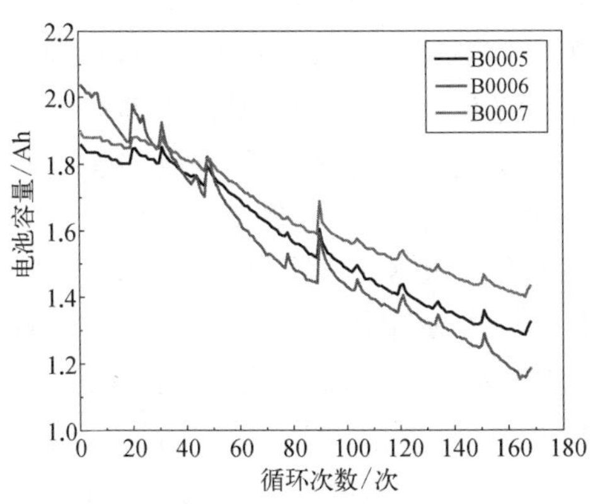

图 8.1　电池容量变化曲线

图 8.2　电池容量的变化趋势拟合

因此，对于工作在恒定电压区间的锂离子电池，可以采用放电性能映射的特征实现剩余寿命预测，但在实际使用过程中，电池的放电截止电压存在变化，并且电池可能不处于满充满放的状态。因此，基于电压平均变化速率等健康因子难以应用于放电策略变化的锂离子电池。如图 8.3 所示为 CACEL 的 CS2－7 号电池的电压变化。

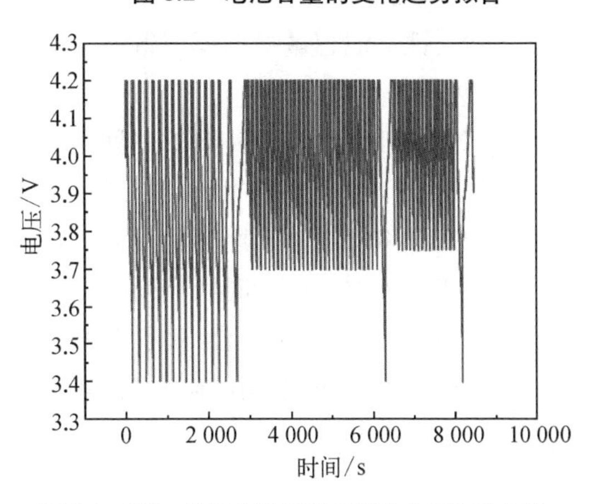

图 8.3　CS2－7 号电池运行中部分电压变化曲线

从图 8.3 中可以看出，实际运行过程中电压会在不同循环中发生变化，电压变化区间并非始终恒定，放电电压的平均变化速率无法提取，因此需要对电池剩余寿命预测方法作进一步研究，解决健康因子和预测方法的适应性问题。

目前，锂离子电池老化趋势预测主要有基于模型与数据驱动两种方法[2]，基于模型的方法依赖于专业的电池知识，需要对电池内部工作及其材料的属性深入了解，并且针对不同型号、不同工况下的电池需要重新建立衰退模型，使用局限性较大；而基于数据驱动的方法不依赖于专业的电池知识，主要通过对历史数据进行分析，获取电池容量与充放电时间关系，并且此种关系不需要明确，统称为黑箱模型，利用该模型对电池未来容量进行预测与跟踪。

为提前预知失效时间，何畏等[3]提出了基于相关向量机方法对电池老化趋势进行预测，有效降低了误差；庞晓琼等[4]针对电池寿命预测精度易受健康因子冗余的影响，提出结合主成分分析与非线性自回归神经网络结合的方法进行寿命预测，提高了间接预测的精度；史永胜等[5]针对锂电池寿命预测模型精度低、泛化性能较差的问题，提出基于多退化特征的寿命预测模型，误差得到有效降低；Lei 等[6]针对退化数据量不足的问题提出基于深度卷积神经网络和长短期记忆网络挖掘少量数据与容量退化之间的关系；Piyush 等[7]提出一种使用高斯过程算法和局部充放电时间序列对电池容量进行预测的方法；Su 等[8]从电池的历史运行数据中得到间接健康因子，包括工作电流、电压及温度，在此基础上对锂电池容量进行预测。综上所述，基于数据驱动的方法大都是先构建健康因子，即从电池运行的放电数据中获得与容量相关的量，虽然预测结果较为准确，使用神经网络等算法的准确度较高，但是锂电池在运行过程中，工况会发生变化，当电池的循环放电截止电压区间随机变化时，基于等压放电时间构建的健康因子就会失效，锂电池容量追踪模型偏差将会变大，预测结果不可靠[9]。因此，需要对这些问题进行研究。

针对上述问题，本章提出了一种基于广义神经网络与差分移动自回归方法融合的锂离子电池剩余寿命预测方法，记为 EMD - GRNN - ARIMA。该方法首先利用 EMD 将锂电池早期容量变化分解为趋势分量与波动分量，然后对波动分量使用 ARIMA 方法进行时间序列预测，对趋势分量使用 GRNN 进行预测，将趋势预测分量与波动分量结合，获取锂离子电池容量的衰退预测曲线，即老化趋势预测曲线，最后选择平均绝对误差 MAE、预测误差均方根 RMSE 量化其预测结果。

8.2 基于 EMD - GRNN - ARIMA 的锂离子电池剩余寿命预测方法

8.2.1 EMD 算法

EMD 算法是由黄锷于 1998 年创造性地提出的一种新型自适应信号时频

处理方法,特别适用于非线性非平稳信号的分析处理,可以分解信号中不同类型的波动与趋势[10,11]。EMD 具有较好的适应性,能够突出信号中可能忽略的结构,同时将噪声和有效信号分离为不同的内禀模态函数(intrinsic mode function, IMF)和残差,IMF 反映原始时间序列振荡波动的特性,而残差反映序列的趋势[12-14]。EMD 适用于处理非线性、非平稳的数据,适合对电池容量数据进行处理,获取电池容量复杂的非线性时间序列的特征,具体步骤如下。

第一步:找出时间序列 $x(t)$ 所有的极值点。

第二步:用插值法对极小值点形成包络 $E\min(t)$,对极大值形成包络 $E\max(t)$。

第三步:计算均值:

$$m(t)=\frac{E\min(t)+E\max(t)}{2} \tag{8.4}$$

第四步:抽离细节:

$$d(t)=x(t)-m(t) \tag{8.5}$$

第五步:对残余项 $m(t)$ 重复上述过程。当 $d(t)$ 的均值为 0 时,停止迭代。此时,细节信号 $d(t)$ 为 IMF,分解结束。

8.2.2　基于 EMD 算法的直接健康因子构建

在工作过程中,锂离子电池容量会发生短暂的提高,从而造成数据波动,此种现象为容量再生现象。从 B0005~B0007 的容量波动情况来看,可以发现波动存在相似性,因此采用经验模态分解的方法对容量数据进行处理,得到 IMF 的分量与剩余分量,重构 IMF 分量为波动分量,剩余分量为趋势分量。以 B0005 号容量数据为例,通过 EMD 得到如图 8.4 所示的若干 IMF 分量和剩余分量。

从图 8.4 中可以观察到通过 EMD 得到 5 个分量,包括波动分量 IMF1~IMF4 和趋势分量。进一步将 IMF1~IMF4 重构得到整合后的波动分量和趋势分量,如图 8.5 所示。

使用 Eviews 软件对图 8.5 中的波动分量序列进行平稳化分析,得到自相关与偏相关图,平稳序列的自相关图和偏相关图都是拖尾或截尾:截尾就是在某阶之后,系数都为 0;拖尾有一个衰减的趋势,但是不都为 0。如图 8.6 所示,在 2

阶之后,趋势为衰减,自相关与偏相关都为拖尾,可知其为平稳分量。对于趋势分量,其近似为线性衰减。接下来,针对波动分量与趋势分量,分别提出预测方法。

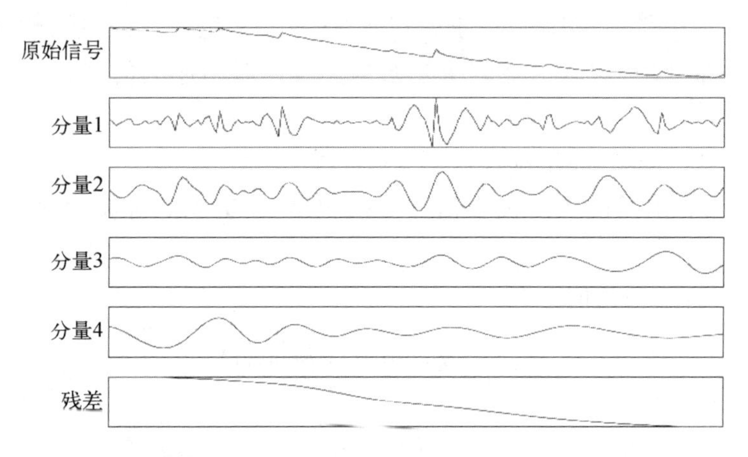

图 8.4 B0005 号锂离子电池容量的 EMD 结果

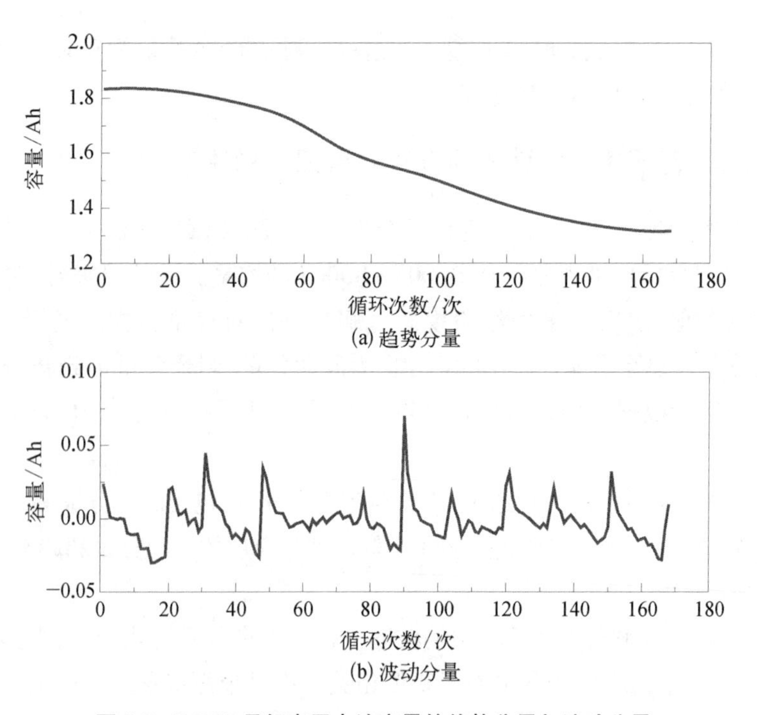

图 8.5 B0005 号锂离子电池容量的趋势分量与波动分量

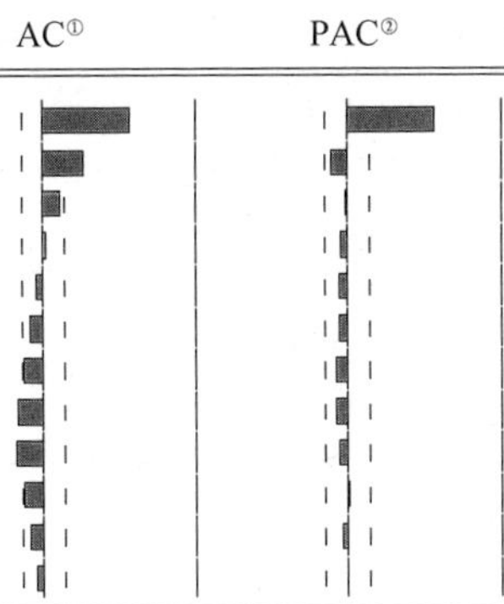

AC①	PAC②	编号	AC	PAC	Q统计量	P值
		1	0.583	0.583	58.183	0.000
		2	0.274	−0.101	71.084	0.000
		3	0.109	−0.013	73.128	0.000
		4	0.011	−0.039	73.151	0.000
		5	−0.053	−0.046	73.635	0.000
		6	−0.096	−0.050	75.250	0.000
		7	−0.136	−0.070	78.524	0.000
		8	−0.175	−0.082	83.968	0.000
		9	−0.185	−0.053	90.089	0.000
		10	−0.135	0.012	93.388	0.000
		11	−0.092	−0.023	94.925	0.000
		12	−0.046	0.007	95.305	0.000

①表示自相关；②表示偏相关

图 8.6　B0005 号锂离子电池容量波动分量的自相关与偏自相关分析

8.2.3　方法的具体实施步骤

1. 基于 ARIMA 的锂离子电池容量波动预测

时间序列预测是通过对历史数据的研究得到未来一段时间的预测[15,16]。目前,比较精确的算法为 ARIMA,该模型是将自回归(AR)模型和移动平均(moving average, MA)模型相结合得到的,是一种非平稳时间序列模型。ARIMA(p, d, q)模型描述如下:

$$\varphi[(L^{-1})](1-L^{-1})^{d}x(t)=\theta(L^{-1})\varepsilon(t) \tag{8.6}$$

式中,L^{-1} 为单位滞后因子;$\varepsilon(t)$ 为高斯白噪声,均值为0,方差为σ^2;$x(t)$ 为原始时间序列;d 为序列平稳化差分次数。

模型的预测方法如下。

第一步:判断原始时间序列是否平稳,若不平稳,则经过平稳化处理获得 d 值;若平稳则取 $d=0$;通过单位根检验可知,B0005 号电池的退化过程表现为平稳时间序列,因此 $d=0$。

第二步:选取前 100 次数据绘制自相关图与偏自相关图确定参数 p 和 q 的值。如图 8.6 所示为 B0005 号锂电池离子电池容量波动分量的自相关图与偏自相关图。

第三步:拟合模型进行预测,评估预测效果。如图 8.7 所示为 ARIMA 预测结果。

2. 基于 GRNN 的锂离子电池容量趋势预测

在图 8.5 中,趋势分量近似呈线性变化,可采用 GRNN 方法进行电池早期容量预测跟踪,并验证该方法在数据集有限时的优越性。GRNN 具有很强的非线性映射能力和学习速度,网络最后收敛于样本量集聚较多的优化回归,样本数据少时,预测效果很好,还可以处理不稳定数据,因此本章采用该方法进行锂离子电池容量趋势分量预测,如图 8.8 所示为趋势预测结果。

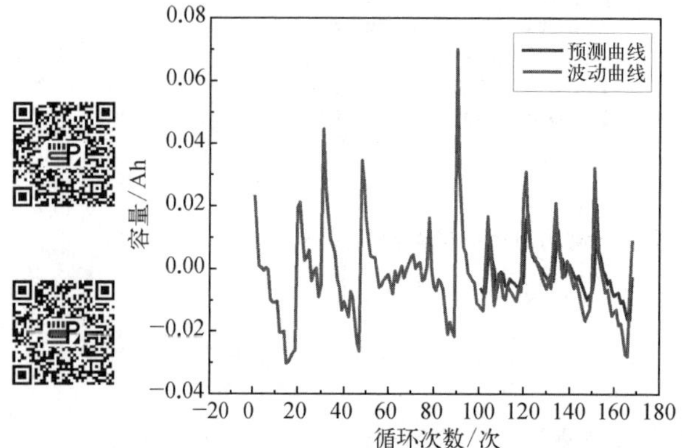

图 8.7　B0005 号电池容量的变化趋势 ARIMA 预测结果

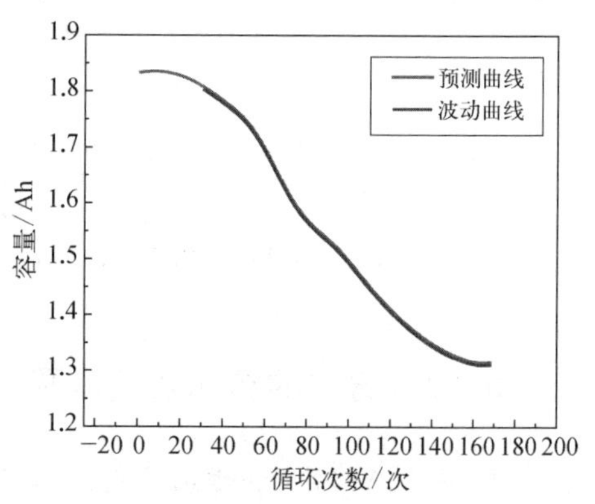

图 8.8　B0005 号电池容量的变化趋势 GRNN 预测结果

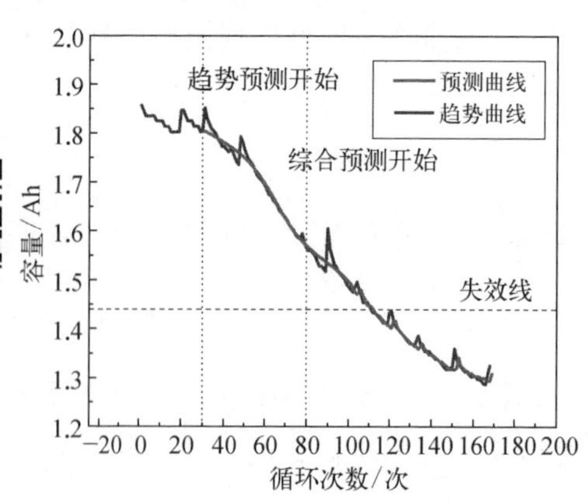

图 8.9　B0005 号电池容量的最终预测结果

根据上述算法的原理特性,将 ARIMA 算法与 GRNN 算法相融合,首先对容量数据进行 EMD 分析整合,获取趋势分量与波动分量,然后针对不同分量使用不同模型进行分析,最后得到容量衰退趋势,即电池剩余寿命,图 8.9 为 B0005 号电池容量的最终预测结果。

3. 锂离子电池在不同放电策略下的 RUL 预测方法

基于 EMD - ARIMA - GRNN 的锂离子电池放电策略变化下的 RUL 预测方法的具体步骤如下。

第一步: 提取电池容量数据 R, 即

$$R = \{R_1, R_2, R_3, \cdots, R_n\} \tag{8.7}$$

第二步：对 R 序列进行 EMD 得到 IMF 分量和剩余分量 R_{es}，重构 IMF 分量为波动分量，即

$$m_R(i) = \frac{R\min(i) + R\max(i)}{2} \tag{8.8}$$

$$d(i) = R(i) - m_R(i) \tag{8.9}$$

$$\begin{cases} \mathrm{IMF}_1 = \{d_1(1), d_1(2), d_1(3), \cdots, d_1(n)\} \\ \mathrm{IMF}_2 = \{d_2(1), d_2(2), d_2(3), \cdots, d_2(n)\} \\ \vdots \\ \mathrm{IMF}_l = \{d_l(1), d_l(2), d_l(3), \cdots, d_l(n)\} \end{cases} \tag{8.10}$$

$$R_{es} = \{m_l(1), m_l(2), m_l(3), \cdots, m_l(n)\} \tag{8.11}$$

$$\mathrm{IMF} = \mathrm{IMF}_1 + \mathrm{IMF}_2 + \cdots + \mathrm{IMF}_l \tag{8.12}$$

第三步：判断 IMF 是否为平稳分量，若不是，则进行 d 阶差分平稳化处理；若是平稳数据，则载入 ARMA 模型中，获取模型参数，得到 ARIMA(p, d, q)模型的表达式，并逐步对未来容量波动进行预测，得到预测波动量 IMF′，即

$$R_t = \alpha_1 R_{t-1} + \alpha_2 R_{t-2} + \cdots + \alpha_p R_{t-p} + u_t = \sum_{i=i}^{p} \alpha_i R_{t-i} + u_t \tag{8.13}$$

$$u_t = \varepsilon_t + \beta_1 \varepsilon_{t-1} + \beta_2 \varepsilon_{t-2} + \cdots + \beta_q \varepsilon_{t-q} = \varepsilon_t + \sum_{j=1}^{q} \beta_j \varepsilon_{t-j} \tag{8.14}$$

$$R_t = \varepsilon_t + \sum_{i=i}^{p} \alpha_i R_{t-i} + \sum_{j=1}^{q} \beta_j \varepsilon_{t-j} \tag{8.15}$$

第四步：载入趋势分量 R_{es}，使用 GRNN 预测方法对容量未来趋势进行预测，得到预测结果为 R'_{es}。

第五步：整合波动预测分量 IMF′ 与趋势预测分量 R'_{es}，得到最终预测结果 R：

$$R = \mathrm{IMF}' + R'_{es} \tag{8.16}$$

第六步：统计到达失效阈值的循环次数，得到锂离子电池剩余寿命 P，对预测结果 R 进行分析。

如图8.10为面向放电策略变化的锂离子电池RUL预测方法流程，主要使用ARIMA进行波动分量的预测，采用GRNN进行趋势分量的预测，最后将其叠加获取电池容量变化趋势。

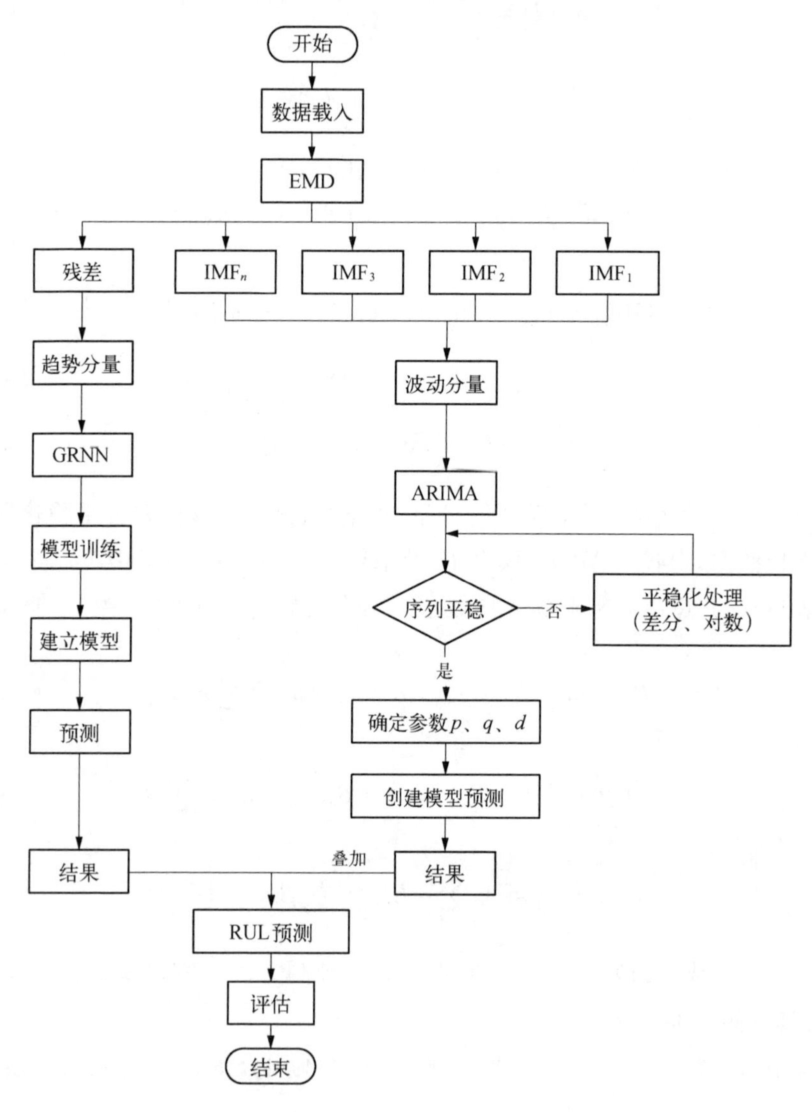

图8.10　锂离子电池放电策略变化的RUL预测算法流程

3. 评价指标

采用两种方式对模型进行评价，分别为预测循环次数的准确性和容量衰减跟踪的效果。使用平均绝对误差(MAE)和均方根误差(RMSE)作为评估标准：

$$\mathrm{RMSE}=\sqrt{\frac{1}{n}\sum_{i}^{n}(Q_i-Q_i')^2} \tag{8.17}$$

$$\mathrm{MAE}=\frac{1}{n}\sum_{i}^{n}|Q-Q'| \tag{8.18}$$

式中，Q_i 为真实值，即锂离子电池实际容量；Q_i' 为预测容量值；n 为循环次数。

当锂离子电池的容量降至失效阈值时，循环次数的实际值与预测值之间的误差定义如下：

$$E_r=|P_{\mathrm{RUL}}-R_{\mathrm{RUL}}| \tag{8.19}$$

$$\mathrm{PE}_r=\frac{|P_{\mathrm{RUL}}-R_{\mathrm{RUL}}|}{R_{\mathrm{RUL}}}\times 100\% \tag{8.20}$$

式中，P_{RUL} 为预测循环次数；R_{RUL} 为实际循环次数。

8.2.4 仿真分析

本节使用 NASA 的 B0006 号电池及 CACLE 的电池数据集 CS2－37 和 CS2－35 进行方法验证，针对恒定工况与随机变化的放电电压区间进行验证，检验提出方法的有效性。各电池的参数如下。

（1）B0006：放电截止电压为 2.5 V，初始容量为 2 Ah。

（2）CS2－35：以 1C 的恒定电流循环，放电电压区间为 4.2～2.8 V，初始容量为 1.13 Ah。

（3）CS2－7：以 0.55 A 的恒定电流放电循环，截止电压是随机变化的，以模拟放电策略变化的行为，初始容量为 1.33 Ah；程序运行环境为 Matlab 2019a 版本。

对 B0006、CS2－35、CS2－37 三组电池数据进行预测，得到下面三组结果，同时与基于间接健康因子的方法进行比较分析。在实际预测过程中，ARIMA 在较少的时间序列下得到的预测效果不佳，因此仅在前期进行趋势预测，用于粗略掌握电池运行状况，在后期保证数据充足的情况下，增加波动预测，提高锂离子电池容量预测的精确度。如图 8.11 所示为验证方法的预测结果图。

从图 8.11 可以看出，最终综合预测能够很好地跟踪电池容量退化，不论在到达失效线前还是之后，该方法都有良好的跟踪能力。同时，可以发现波动曲线与电池工作模式并不具有很强的相关性，即锂离子电池容量的再生现象与电池

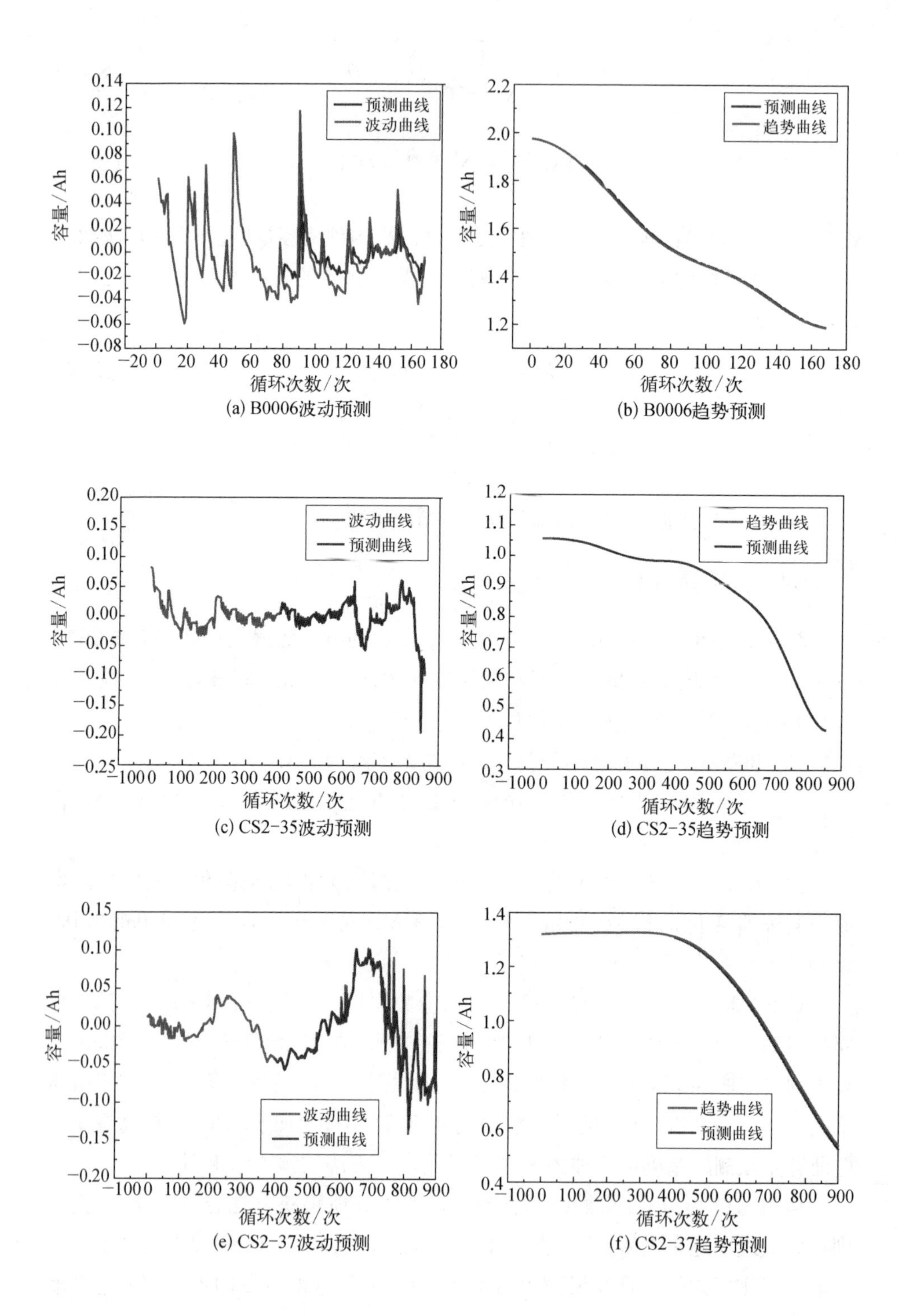

预测曲线
波动曲线
容量/Ah
循环次数/次
(a) B0006波动预测
预测曲线
趋势曲线
容量/Ah
循环次数/次
(b) B0006趋势预测
波动曲线
预测曲线
容量/Ah
循环次数/次
(c) CS2-35波动预测
趋势曲线
预测曲线
容量/Ah
循环次数/次
(d) CS2-35趋势预测
波动曲线
预测曲线
容量/Ah
循环次数/次
(e) CS2-37波动预测
趋势曲线
预测曲线
容量/Ah
循环次数/次
(f) CS2-37趋势预测

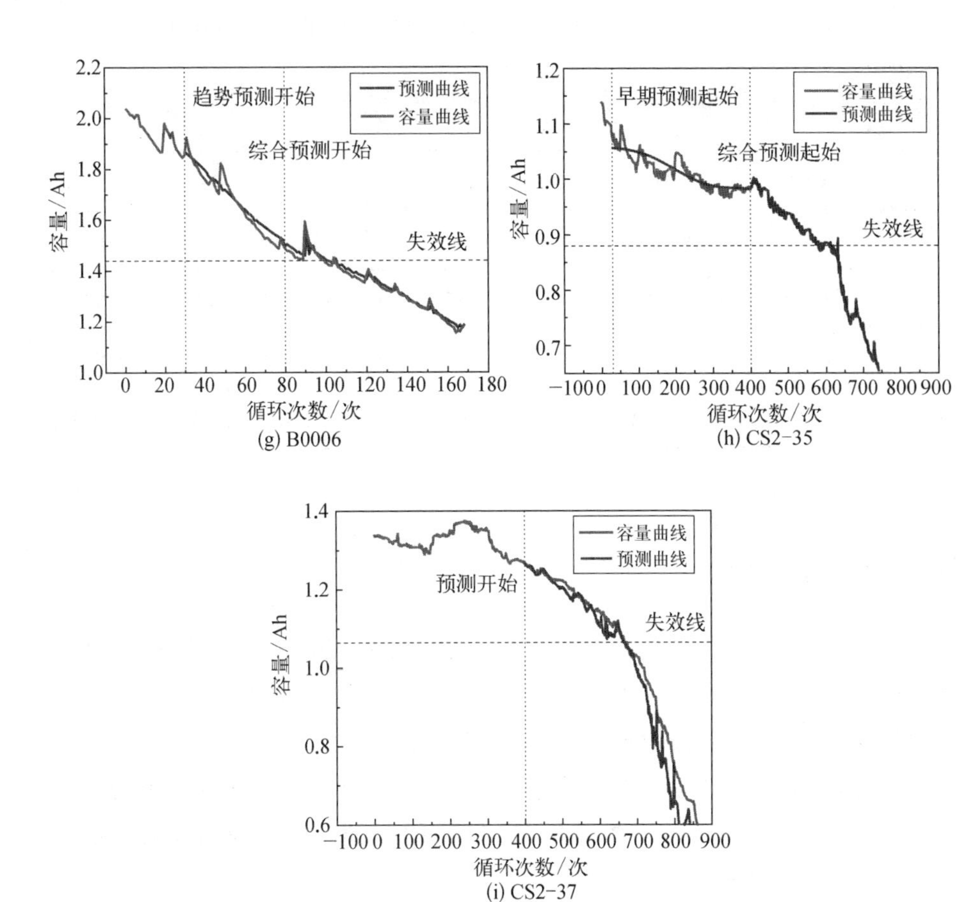

图 8.11 基于 EMD - GRNN - ARIMA 的锂离子电池 RUL 预测结果

工作方式无太大关系;再从电池趋势预测来看,去除容量再生的影响,前期衰减趋势都较为平缓,中后期出现容量急剧衰退的现象,且使用 GRNN 的方法能够准确预测早期与中后期电池容量的衰减趋势。通过比较所提出方法预测结果与其他针对此数据集的预测结果,以及预测结果的 RMSE、MAE、E_r、PE_r 4 类参数可证明所提出的方法的优越性,见表 8.1。其中,比较对象为基于蚁狮优化的相关向量机的方法对锂离子电池容量及其寿命进行间接预测得到的结果。从结果看,针对电池 B0006 和 CS2 - 35,EMD - GRNN - ARIMA 的预测偏差最小,误差也均小于现有文献中的方法。综上所述,所提方法的预测精度更高,对不同种类、不同工况下锂离子电池剩余寿命预测的适用性较好。

表 8.1 EMD-GRNN-ARIMA 与 ALO-SVR 方法预测结果的比较

数据集	方法	R_{RUL}/次	P_{RUL}/次	E_r/次	PE_r	MAE	RMSE
B0006	EMD-GRNN-ARIMA	99	100	1	1.01%	0.010	0.014 0
	ALO-SVR	99	103	4	4.04%	0.018 9	0.023 5
CS2-35	EMD-GRNN-ARIMA	578	577	1	0.173%	0.004 2	0.008 4
	ALO-SVR	578	581	3	0.519%	0.015 8	0.023 7
CS2-37	EMD-GRNN-ARIMA	668	669	1	0.150%	0.037 8	0.053

8.3 本章小结

本章分析了放电策略变化下锂离子电池的充放电特征,分析了该工况下实现锂离子电池 RUL 预测存在的困难,提出了一种基于广义神经网络与差分移动自回归方法融合的锂离子电池剩余寿命预测方法。

通过对锂离子电池容量数据进行经验模态分解(EMD),获取若干内禀模态函数(IMF)分量与剩余分量,并利用 IMF 分量重构获取电池容量的波动分量,利用剩余分量作为电池容量的趋势分量。

提出了基于 ARIMA 算法的锂离子电池容量波动预测的方法,利用 ARIMA 算法对锂离子电池早期运行数据进行辨识,获取了锂离子电池容量的波动预测模型,利用该波动预测模型对分量中后期波动进行预测,实现了放电策略可变下的锂离子电池容量波动预测;提出了基于 GRNN 算法的锂离子电池容量趋势预测方法,利用 GRNN 算法对锂离子电池早期运行数据进行辨识,获取锂离子电池容量趋势预测模型,利用该趋势预测模型对分量趋势进行预测,实现了放电策略可变下的锂离子电池容量变化趋势预测。

融合波动预测与趋势预测结果,实现了锂离子电池在放电策略可变下的剩余寿命预测,采用 NASA 恒定充放电策略和 CACLE 可变放电策略的数据集进行实验验证。对比分析了基于 ALO-SVM 的预测方法和基于 EMD-GRNN-ARIMA 的预测方法在锂离子电池恒定工况与放电策略可变情况下的 RUL 预测结果。结果表明,所提方法的预测精度更高,对不同种类、不同工况下的锂离子电池 RUL 的预测适用性均较好，证明了本章方法的有效性。

参考文献

[1] Ouyang T C, Xu P H, Chen J X, et al. An online prediction of capacity and remaining usefullife of lithium-ion batteries based on simultaneous input and state estimation algorithm[J]. IEEE Transactions on Power Electronics, 2021, 36(7): 8102 - 8113.

[2] Liu Z B, Sun G Y, Bu S H, et al. Particle learning framework for estimating the remaining useful life of lithium-ion batteries[J]. IEEE Transactions on Instrumentation and Measurement, 2016, 99: 1 - 14.

[3] 何畏，罗潇，曾珍，等.利用 QPSO 改进相关向量机的电池寿命预测[J].电子测量与仪器学报，2020，34(6)：18 - 24.

[4] 庞晓琼，王竹晴，曾建潮，等.基于 PCA - NARX 的锂离子电池剩余使用寿命预测[J].北京理工大学学报，2019，39(4)：406 - 412.

[5] 史永胜，施梦琢，丁恩松，等.基于多退化特征的锂离子电池剩余寿命预测[J].电源技术，2020，44(6)：836 - 840.

[6] Lei R, Dong J B, Wang X K, et al. A data-driven auto-CNN-LSTM prediction model for lithium-ion battery remaining useful life[J]. IEEE Transactions on Industrial Informatics, 2021, 17(5): 3478 - 3487.

[7] Piyush T, Hariharan K S, Ramachandran S, et al. Deep gaussian process regression for lithium-ion battery health prognosis and degradation mode diagnosis[J]. Journal of Power Sources, 2020, 445: 227281.

[8] Su C, Chen H J, Wen Z J. Prediction of remaining useful life for lithium-ion battery with multiple health indicators[J]. Eksploatacja i Niezawodnosc-Maintenance and Reliability, 2021, 23(1): 176 - 183.

[9] 纪常伟，潘帅，汪硕峰，等.动力锂离子电池老化速率影响因素的实验研究[J].北京工业大学学报，2020，46(11)：64 - 74.

[10] Huang N E, Shen Z, Long S R, et al. The empirical mode decomposition and the hilbert spectrum for nonlinear and non-stationary time series analysis [J]. Proceedings Mathematical Physical & Engineering Sciences, 1998, 454(1971): 903 - 995.

[11] 汤庆峰，刘念，张建华，等.基于 EMD - KELM - EKF 与参数优选的用户侧微电网短期负荷预测方法[J].电网技术，2014，38(10)：2691 - 2699.

[12] 杨茂，陈郁林.基于 EMD 分解和集对分析的风电功率实时预测[J].电工技术学报，2016，31(21)：86 - 93.

[13] 王婷.EMD 算法研究及其在信号去噪中的应用[D].哈尔滨：哈尔滨工程大学，2010.

[14] 闵海根，方煜坤，吴霞，等.弱 GNSS 信号下基于 EMD 和 LSTM 的车辆位置预测方法研究[J].中国公路学报，2021，34(7)：128 - 139.

[15] 杨恒，岳建平，周钦坤.利用 SVM 与 ARIMA 组合模型进行大坝变形预测[J].测绘通报，2021(4)：74 - 78.

[16] 严宙宁，牟敬锋，赵星，等.基于 ARIMA 的深圳市大气 PM_(2.5)浓度时间序列预测分析[J].现代预防医学，2018，45(2)：220 - 223，242.

第9章

早期循环数据下的锂离子电池剩余寿命直接预测

根据锂离子电池 RUL 预测方法的实现过程,可以将预测方法分为两类:一类是间接预测方法,该方法利用历史数据建立电池的性能衰退模型,通过计算电池健康状态衰退到失效阈值(额定容量的70%~80%)所经历的时间来获得电池 RUL[1-3];另一类是直接预测方法,该方法直接建立历史数据与电池 RUL 的关系模型,直接对电池的 RUL 进行预测[4-6]。第一类方法能够给出各个阶段锂离子电池的健康状态,并且对电池数据量要求不高,书中2~8章均采用了该方法。但该方法建立的电池性能衰退模型对数据的波动比较敏感,导致其在长期预测中的精度不高。第二类方法直接预测电池的 RUL,能够避免退化过程中的容量再生、测量误差等带来的影响,在长期 RUL 预测中的精度更高。但该方法需要一定数量的电池的退化数据来建立准确的回归模型,而常用的 NASA 数据集和 CALCE 数据集包含的退化数据较少,导致该方法的研究相对较少。但随着更多锂离子电池退化数据集的出现,研究锂离子电池 RUL 的直接预测方法成为热点方向之一。基于此,本章重点研究锂离子电池直接预测方法,并针对锂离子电池初期性能退化期间容量变化趋势不明显、电池的 RUL 预测精度不高的问题,提出一种有效的锂离子电池 RUL 预测方法。

9.1 问题分析

根据建模方式,可以将锂离子电池 RUL 预测方法分为基于模型的方法和基于数据驱动的方法[7]。基于模型的方法根据锂离子电池的物理或化学特性建立衰退模型,要求研究人员具备一定的专业知识,导致该方法的应用范围受限[8]。基于数据驱动的方法无须考虑锂离子电池的物理化学特性,直接利用电池的历史监测数据，构建电池的性能衰退模型，从而实现锂离子电池 RUL 预测，相对于基于模型的方法应用更加广泛[9]。

基于数据驱动的方法首先需要从电池的监测数据中提取用于表征电池健康状态的健康因子，然后采用机器学习方法构建回归模型，实现锂离子电池 RUL 预测[10]。文献[11]采用容量作为电池的健康因子，利用支持向量回归机构建电池的衰退模型，实现了锂离子电池 RUL 预测。文献[12]针对电池的容量再生现象，利用自适应噪声完全集成的经验模态分解(complete ensemble empirical mode decomposition with adaptive noise, CEEMDAN)算法分解容量序列，并采用长短时记忆神经网络对各分量进行预测，将分量的预测结果合并，得到电池的 RUL。然而，在锂离子电池的初期老化阶段，电池容量通常没有表现出明显的衰退趋势[5]，因此需要进一步提取退化特征明显的 HI。文献[13]从电池的放电过程中提取了等压降放电时间，采用灰色关联算法分析了 HI 的有效性，结合双向学习机实现了锂离子电池 RUL 预测。文献[14]从充电过程中提取了等流降充电时间和等压升充电时间，采用皮尔逊(Pearson)相关系数分析了 HI 的有效性，结合改进支持向量回归机实现了锂离子电池 RUL 预测。文献[15]从放电过程中提取了放电截止时间、恒流放电时间、放电峰值温度时间，结合带有外部输入的非线性自回归模型(nonlinear autoregressive models with exogenous inputs, NARX)动态神经网络实现了锂离子电池 RUL 预测。然而，上述方法均采用了 50%以上的循环数据训练模型，当仅有早期循环数据时，上述方法难以建立准确的锂离子电池性能退化模型。此外，上述方法仅通过经验方法给出了等压升、等流降的设定区间，具有一定的局限性。

综上，针对采用早期循环数据预测电池 RUL 时，仅采用容量得到的预测精度低的问题，本章提出了一种基于融合型 HI 和 PCA - SVR 的锂离子电池 RUL 直接预测方法。该方法通过从锂离子电池的充放电电压、电流中提取多个健康因子，从而充分提取电池的衰退特征；然后采用主成分分析(principal component analysis, PCA)分别对各个健康因子进行处理，以降低健康因子的维度，同时保留不同健康因子的特性；通过组合处理后的健康因子，得到融合型健康因子，该融合型健康因子包含了多个维度的电池退化特征，并且特征维度不高，有利于提高锂离子电池 RUL 预测精度，同时降低方法的复杂度；最后采用 SVR 构建融合型健康因子与电池 RUL 的回归模型，并在实例数据上进行了实验验证。

9.2 基于融合型 HI 与 PCA - SVR 的锂离子电池剩余寿命直接预测方法

9.2.1 基于融合型 HI 和 PCA - SVR 的锂离子电池剩余寿命预测模型

1. PCA 算法原理

多角度提取健康因子能够充分提取锂离子电池衰退的特点,在一定程度上提高锂离子电池 RUL 的预测精度[16]。然而直接融合多个健康因子也会导致特征矩阵的维度过高,增加算法的复杂度,同时多余的冗余特征也会影响锂离子电池 RUL 预测模型的精度。PCA 是一种常见的数据降维方法,能够有效降低数据维度并保留重要信息[17],因此本节采用 PCA 计算健康因子以降低特征维度。对于一个 $m \times n$ 的特征矩阵 $X_{m \times n}$ (其中 n 代表特征维度),需要将特征矩阵投影到主成分空间。首先对特征矩阵进行零均值化:

$$\bar{X}_j = X_j - \frac{1}{m}\sum_{i=1}^{m} X_{ij} \tag{9.1}$$

然后计算样本集的协方差矩阵:

$$\mathrm{Cov}(X, Y) = \mathrm{E}\{[X - E(X)][Y - E(Y)]\} \tag{9.2}$$

计算协方差矩阵的特征向量并按照特征值进行降序排列。假设需要将原始特征降维至 $m \times k$,则选取前 k 个特征向量构成投影矩阵 U:

$$Y = XU \tag{9.3}$$

2. SVR 算法原理

SVR 能够很好地描述输入与输出之间的非线性关系,适合构建锂离子电池 RUL 预测模型。对于一个锂离子电池数据集 $\{x_i, y_i\}_{i=1}^{n}$,其中 $x_i \in R^n$ 是特征向量,y_i 是目标输出,则 SVR 建立的回归模型为

$$y = w\phi(x) + b \tag{9.4}$$

式中,x 为输入;$\phi(x)$ 为非线性映射函数;w 为权重;b 为截距。根据结构风险最小化原则,可以将模型求解等效为一个优化问题,即

$$\frac{1}{2}||w||^2 + C\sum_{i=1}^{n} L[f(x_i), y_i] \tag{9.5}$$

式中，L 为损失函数；C 为惩罚因子，用于调节模型的复杂程度，C 越大，模型越复杂，同时容易出现过拟合的情况。通过引入松弛变量 $\{\xi_i\}_{i=1}^{n}$ 和 $\{\xi_i^*\}_{i=1}^{n}$ 来纠正不规则的因子，最终优化问题为

$$\min \frac{1}{2}||w||^2 + C\sum_{i=1}^{n} L(\xi_i + \xi_i^*) \tag{9.6}$$

$$\text{s.t.} \quad \begin{cases} y_i - w\phi(x) - b \leqslant \varepsilon + \xi_i \\ w\phi(x) + b - y_i \leqslant \varepsilon + \xi_i^* \\ \xi_i, \xi_i^* \geqslant 0 \end{cases} \tag{9.7}$$

式中，$\varepsilon > 0$，为不敏感因子（允许的最大误差）。利用对偶原理，同时引入拉格朗日乘法算子，优化问题转换为

$$\max \sum_{i=1}^{n} \alpha_i^*(y_i - \varepsilon) - \sum_{i=1}^{n} \alpha_i(y_i + \varepsilon) - \frac{1}{2}\sum_{i,j}^{n} (\alpha_i^* - \alpha_i)(\alpha_j^* - \alpha_j)\phi(x_i)\phi(x_j) \tag{9.8}$$

$$\text{s.t.} \quad \begin{cases} \sum_{i=1}^{n} (\alpha_i - \alpha_i^*) = 0 \\ 0 \leqslant \alpha_i, \alpha_i^* \leqslant C \end{cases} \tag{9.9}$$

式中，α_i 和 α_i^* 为拉格朗日乘数。根据 Mercer 定理，求解上述凸二次规划问题，最终 SVR 回归模型为

$$f(x) = w\phi(x) + b = \sum_{i=1}^{n} (\alpha_i - \alpha_i^*)K(x_i, x) \tag{9.10}$$

式中，$K(x_i, x) = \phi(x_i)\phi(x_j)$，为核函数。本节选取的高斯核函数为

$$K_g(x, z) = \exp\left(-\frac{\| x - z \|^2}{2\sigma^2}\right) \tag{9.11}$$

式中，σ 代表核函数带宽。

3. 锂离子电池 RUL 预测方法框架

在锂电池的初期退化过程中，电池的容量没有表现出明显的衰退趋势，因此

本节从多个角度提取电池的 HI,以期提高健康因子与电池 RUL 的相关性;同时利用 PCA 对特征矩阵进行处理,降低特征的维度,同时避免了冗余特征对模型训练的影响,从而提高早期循环数据下锂离子电池 RUL 的预测精度。所提出方法的框架如图 9.1 所示,该方法主要包括三步: 首先是从电池的容量、充放电电压、电流等数据中提取多个 HI;然后利用 PCA 对各个健康因子进行处理,提取各个 HI 中累计贡献度超过 90%的主成分,将所有主成分进行融合得到融合型 HI;最后将融合型 HI 作为输入,锂离子电池的 RUL 作为输出,利用 SVR 训练锂离子电池 RUL 预测模型,并在测试集上验证模型的性能。

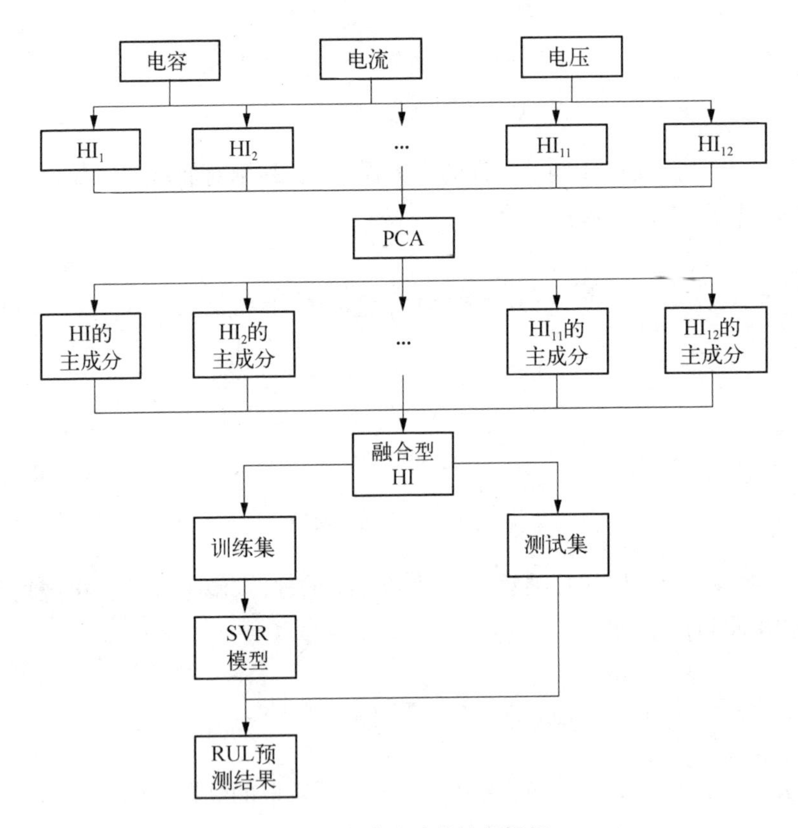

图 9.1 提出方法的流程框架

9.2.2 锂离子电池老化数据集与健康因子

1. 锂离子电池老化数据

锂离子电池的老化数据来自 Severson 等[6]公开发表的斯坦福大学- MIT 数

据集。该数据集包含124块锂离子磷酸盐(LFP)/石墨电池的循环充放电数据，电池的额定容量为1.1 Ah，额定电压为3.3 V。图9.2给出了124块电池的容量变化曲线，其中红色水平虚线代表电池的失效阈值(0.88 Ah)。从图中可以发现，不同电池的寿命相差较大(均值：809.84，标准差：372.08)，可能是电池制造过程中存在差异及不同的充电策略所导致的，这也增加了仅采用早期循环数据预测电池RUL的难度。

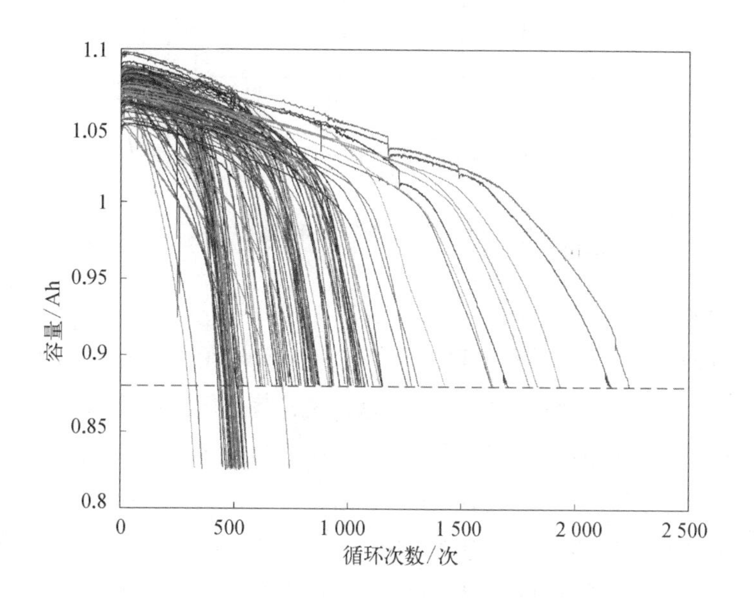

图9.2　电池的容量变化曲线

所有电池的充放电循环实验均在30℃的强制对流温度室中进行。充放电策略采用一步或两步快速充电策略，该策略的记录方式为“C1(Q1)-C2”，其中C1和C2分别表示第一个和第二个恒流充电步骤，Q1代表电流切换时电池的荷电状态(SOC)。第二个步骤以80%SOC结束，之后电池以1C恒流-恒压充电。所有电池的放电策略均采用4C恒流放电，图9.3给出了其中一块电池的充放电电流曲线，该电池采用的两步快速充电策略5.6C(19%)-4.6C，即首先以5.6C进行恒流充电，直到电池达到19%SOC，如图中阶段1所示；然后以4.6C进行恒流充电，直到电池达到80%SOC，如图中的阶段2所示；之后以1C进行恒流充电，当电压达到3.6 V时进行恒压充电，如图中阶段3所示；最后以4C进行恒流放电，直到电池电压下降到2 V时结束，如图中阶段4所示。

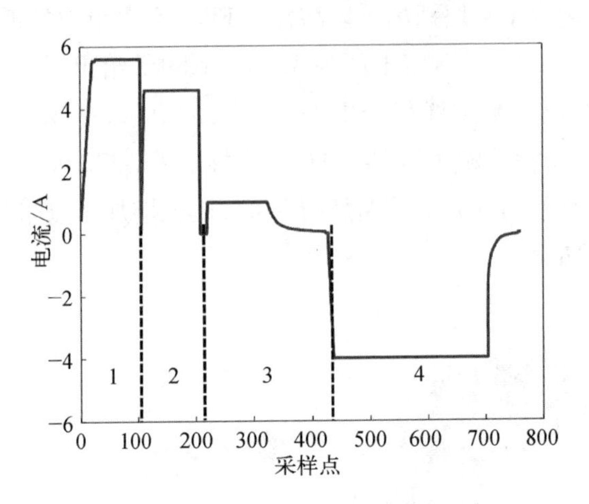

图 9.3 电池的充放电电流曲线

2. 健康因子的提取与分析

在现有研究中,常采用容量和阻抗作为直接 HI[18],然而在锂离子电池的初期老化过程中,容量并没有表现出明显的衰退趋势。图 9.4 给出了数据集中三块电池前 100 次循环的容量变化曲线,这三块电池的寿命分别是 2 158 次、635 次、787 次循环。从图中可以发现,在早期循环过程中,容量的衰减不明显,因此利用早期循环数据预测锂离子电池 RUL 时,仅采用容量很难达到满意的效果。除了容量和阻抗外,还可以从其他可监测数据中提取有效的间接 HI,如充放电电压、电流曲线[19],因此本节从充放电电压、电流曲线中提取多个间接 HI,结合

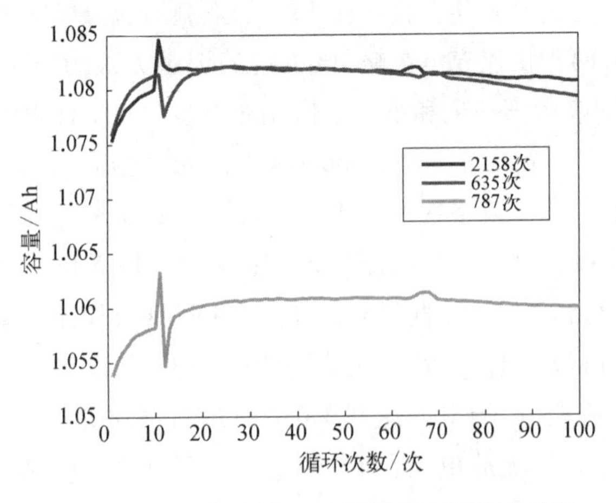

图 9.4 锂离子电池前 100 次循环的容量变化曲线

容量组成融合型HI,以提高锂离子电池 RUL 预测精度。此外,本节重点研究早期循环数据在锂离子电池 RUL 预测中的应用,因此只展示前 100 次循环数据中提取的 HI。

为了验证提取的 HI 的有效性,采用 Pearson 相关系数对 HI 与电池 RUL 之间的相关性进行分析。Pearson 相关系数用于定量表示两组序列之间的线性相关性,其计算方法如下:

$$\rho_{X,\,Y} = \frac{\sum_{i=1}^{N} X_i Y_i - \frac{1}{N}\sum_{i=1}^{N} X_i \sum_{i=1}^{N} Y_i}{\sqrt{\left[\sum_{i=1}^{N} X_i^2 - \frac{1}{N}\left(\sum_{i=1}^{N} X_i\right)^2\right]\left[\sum_{i=1}^{N} Y_i^2 - \frac{1}{N}\left(\sum_{i=1}^{N} Y_i\right)^2\right]}} \tag{9.12}$$

式中,X 和 Y 代表两组序列;N 代表序列长度。ρ 的变化范围为$[-1,\ 1]$,其绝对值越大,代表两个序列的相关性越高,其中 ρ 大于零代表正相关,小于零代表负相关。

1）容量

容量作为锂离子电池的直接健康因子,在锂离子电池 RUL 预测中得到了广泛应用。首先提取 124 块电池前 100 次循环的容量,组成 124×100 的特征矩阵,其中 124 为样本数量,即电池的数量,100 为特征维度;然后分别计算每个维度的特征向量与电池 RUL 的 Pearson 相关系数,结果如图 9.5 所示。

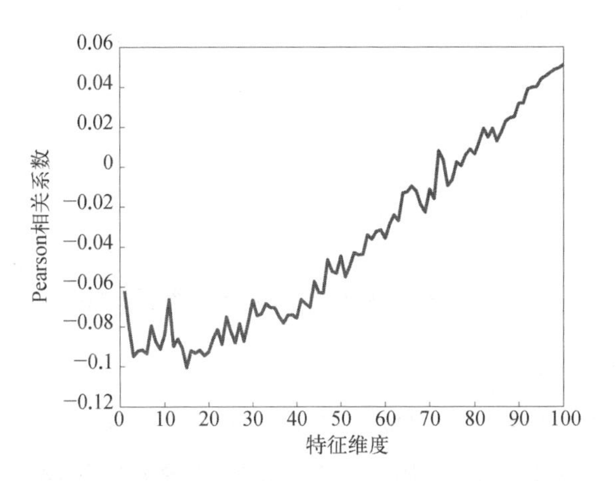

图 9.5　电池容量与 RUL 的 Pearson 相关系数

从图 9.5 可以发现,容量和电池 RUL 的相关性较差,因此直接采用容量进行 RUL 预测的精度不高。观察图 9.2 可以发现,容量的变化曲线存在噪声,同时随着循环充放电的进行,锂离子电池的性能会出现退化,即容量会出现下降。因此,本节利用容量序列计算前后容量的差值,作为新的健康因子,从而充分提取容量包含的信息。首先采用滑动窗口平均的方法对容量曲线进行平滑,然后计算多个循环次数间隔的容量差值作为 HI,将容量记为 HI_1,从容量中提取的健康因子记为 HI_2:

$$HI_{1_i} = Q_i \tag{9.13}$$

$$HI_{2_i} = \frac{1}{k}\sum_{j=i+l+1}^{j=i+k+l} Q_j - \frac{1}{k}\sum_{j=i}^{j=i+k-1} Q_j \tag{9.14}$$

式中,k 代表窗口大小;l 代表间隔的循环次数。本节将窗口长度和循环次数间隔设置为 30,从每个电池的前 100 次循环数据中提取 HI_2,构成 124×41 维特征矩阵,计算特征矩阵与电池 RUL 的 Pearson 相关系数,结果如图 9.6 所示。从图 9.6 可以发现,容量的差值与电池 RUL 的 Pearson 相关系数明显高于容量与电池 RUL 的 Pearson 相关系数,但相关性依旧不高。

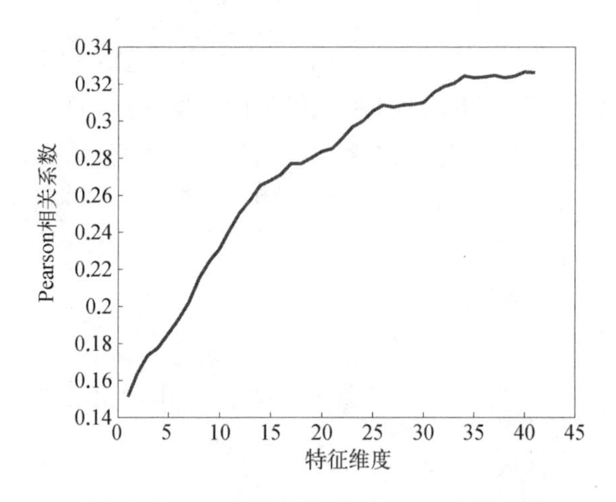

图 9.6 HI_2 与电池 RUL 的 Pearson 相关系数

2）等流降充电时间

从图 9.3 可以发现,电池在阶段 1 和阶段 2 的充电策略不同,因此该阶段无法提取等流降充电时间。所有电池在阶段 3 的充电策略相同,均为 1C 恒流-恒压充电,因此本节从阶段 3 提取等流降充电时间。图 9.7 给出了其中一块电池在第 100 次、300 次、500 次和 700 次循环(在图中用 100、300、500、700 表示,余同)时的 1C 恒流-恒压充电电流曲线,从图中可以发现,随着充放电循环次数的增加,电池的恒流充电时间逐渐缩短,并且恒压充电阶段的电流变化也表现出明显不同,因此可以从充电电流中提取 HI。

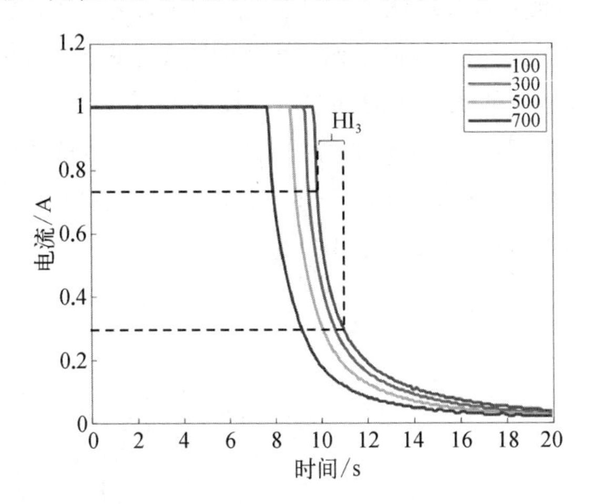

图 9.7　1C 恒流-恒压处的充电电流曲线

现有研究从时间-充电电流曲线中提取了等流降充电时间,结果表明该健康因子与电池 RUL 具有较好的相关性。等流降充电时间指在恒压充电阶段,充电电流在某个区间变化所需要的时间,记为 HI_3。其中,在第 100 次循环时,HI_3 的提取方式如图 9.7 所示。从图中可以看出,影响 HI_3 的因素是等流降区间的选择,而现有研究中一般用经验的方法直接设置,理论支撑不够。为了探究不同区间对 HI_3 的影响,本节设置了七个等流降区间,分别是[0.05, 0.15]A、[0.15, 0.25]A、[0.25, 0.35]A、[0.35, 0.45]A、[0.45, 0.55]A、[0.55, 0.65]A、[0.65, 0.75]A,对应区间编号 1~7。从图 9.7 所示的四个循环数据中,分别在不同区间提取 HI_3,结果如图 9.8 所示。从图 9.8 可以发现,HI_3 在区间 1 和区间 2 上的差异明显,并且随着充放电循环次数增加,HI_3 的值逐渐减小,而 HI_3 在其他区间上几乎无法进行区分。因此本节设置等流降区间为 0.05~0.25 A:

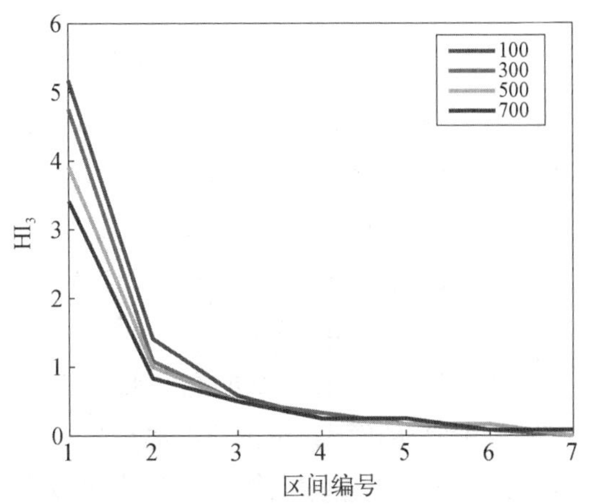

图 9.8　不同区间提取的 HI_3

$$\mathrm{HI}_{3_i} = t_i^{I=0.05} - t_i^{I=0.25} \tag{9.15}$$

计算第一块电池在前 100 次循环数据上的 HI_3，得到 HI_3 序列，如图 9.9 所示。从图中可以发现，随着循环次数的增加，HI_3 在不断减小，但退化曲线表现出明显的波动，这是各种测量误差导致的。按照上诉方法计算所有电池前 100 次循环的 HI_3，最终得到 124×100 的特征向量。计算每个特征向量与电池 RUL 的 Pearson 相关系数，结果如图 9.10 所示。从图中可以看出，HI_3 与电池 RUL 的相关性明显高于 HI_1，这表明提取的 HI_3 是有效的。

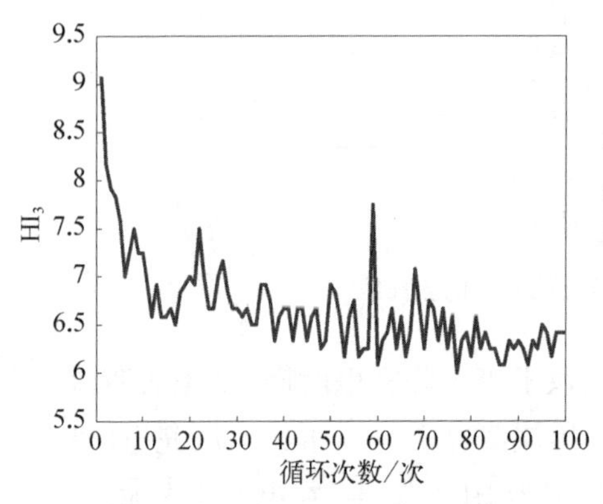

图 9.9 等流降充电时间序列

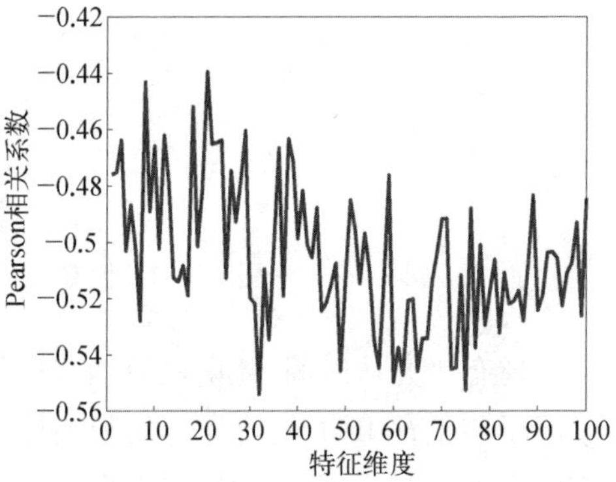

图 9.10 HI_3 与电池 RUL 的 Pearson 相关系数

与容量类似，为了进一步从 HI_3 提取电池的性能退化特征，采用滑动窗平均的方法对 HI_3 进行平滑，然后计算多个循环次数间隔的 HI_3 差值，记为 HI_4：

$$\mathrm{HI}_{4_i} = \frac{1}{k}\sum_{j=i+l+1}^{j=i+k+l} \mathrm{HI}_{3_j} - \frac{1}{k}\sum_{j=i}^{j=i+k-1} \mathrm{HI}_{3_j} \tag{9.16}$$

式中，k 代表窗口大小；l 代表间隔的循环次数。将窗口长度和循环次数间隔设置为 30，从每个电池的前 100 次循环数据中提取 HI_4，构成 124×41 维特征矩阵，计算特征矩阵与电池 RUL 的 Pearson 相关系数，结果如图 9.11 所示。从图中可以发现，HI_4 与容量的 Pearson 相关性较低。

3）等压升充电时间

由于阶段 1 和阶段 2 的充电策略不同，等压升充电时间也只能从阶段 3 提取。图 9.12 给出了其中一块电池在第 100 次、300 次、500 次和 700 次循环时的 1C 恒流-恒压充电电压曲线，从图中可以发现，随着充放电循环次数的增加，电池的充电电压曲线表现出明显不同，具体表现为充电电压达到最大值的时间随

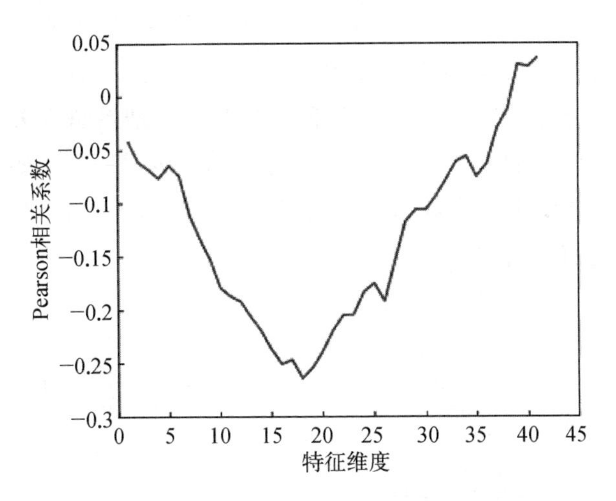

图 9.11　HI_4 与电池 RUL 的 Pearson 相关系数

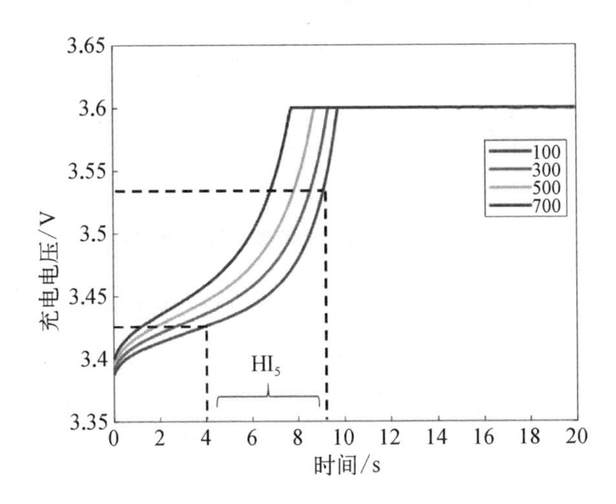

图 9.12　1C 恒流-恒压处的充电电压曲线

充放电循环次数增加而缩短，因此可以从充电电压中提取 HI。

依据现有研究从时间-充电电压曲线中提取等压升充电时间，结果表明该健康因子与电池 RUL 具有较好的相关性[14]。等压升充电时间指在恒流充电阶段，充电电压在某个区间变化所需要的时间，记为 HI_5。其中，在第 100 次循环时，HI_5 的提取方式如图 9.12 所示。从图中可以看出，影响 HI_5 的因素是等压升区间的选择，而现有研究中一般用经验的方法直接设置，理论支撑不够[14]。为了探究不同区间对 HI_5 的影响，本节设置了九个等压升区间，分别是[3.4, 3.42]V、

[3.42, 3.44]V、[3.44, 3.46]V、[3.46, 3.48]V、[3.48, 3.50]V、[3.50, 3.52]V、[3.52, 3.54]V、[3.54, 3.56]V、[3.56, 3.58]V,对应区间编号 1~9。从图 9.12 所示的四个循环数据中,分别在不同区间上提取 HI_5,结果如图 9.13 所示。从图 9.13 可以发现,HI_5 在区间 1、2、4、5 上的差异明显。一个重要的发现是,HI_5 在四个区间随充放电循环次数的变化规律并不相同,这表明只从一个等压升区间中提取 HI_5 是有缺陷的。

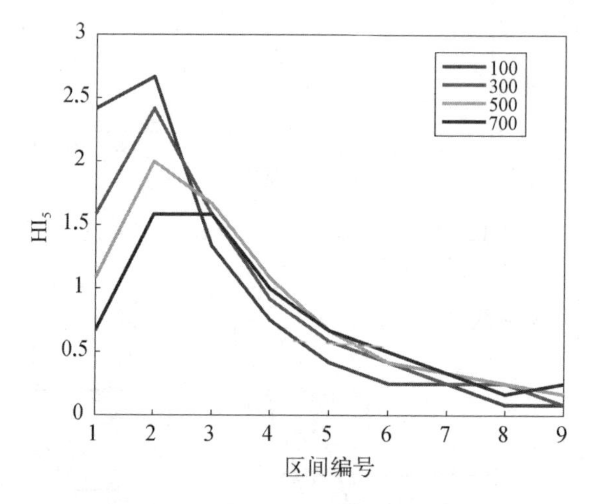

图 9.13　不同区间上的等压升充电时间

从图 9.13 中可以发现,在区间 1 和 2 上,即等压升区间为[3.4, 3.44]V 时,HI_5 随充放电次数的增加而减小;在区间 4 和 5 上,即等压升区间为[3.48, 3.52]V 时,HI_5 随充放电次数的增加而增加。因此本节提取的等压升充电时间 HI_5 为

$$HI_{5}\_1_i = t_i^{V=3.44} - t_i^{V=3.4} \tag{9.17}$$

$$HI_{5}\_2_i = t_i^{V=3.52} - t_i^{V=3.48} \tag{9.18}$$

$$HI_5 = HI_{5}\_1 - HI_{5}\_2 \tag{9.19}$$

根据上述方法计算所有电池前 100 次循环的 HI_5_1、HI_5_2 和 HI_5,结果均为 124×100 的特征矩阵。计算每个特征向量与电池 RUL 的 Pearson 相关系数,结果如图 9.14 所示。从图中可以发现,HI_5_1、HI_5_2 和 HI_5 与 RUL 的 Pearson 相关系数的最大值在 0.7 附近,表明从充电电压曲线中提取等压升充电时间曲线是有效的。同时对比图 9.14(a)和(b)可以发现,HI_5_1 与 RUL 正相关,而 HI_5_2 与 RUL 负相关,这表明等压升充电时间在这两个区间的变化规律是相反的,因

此分两个区间提取 HI 才是合理的。此外，从图中可以发现，HI_5 与 RUL 的 Pearson 相关系数最高，这表明所提出的 HI_5 构建方法是有效的。

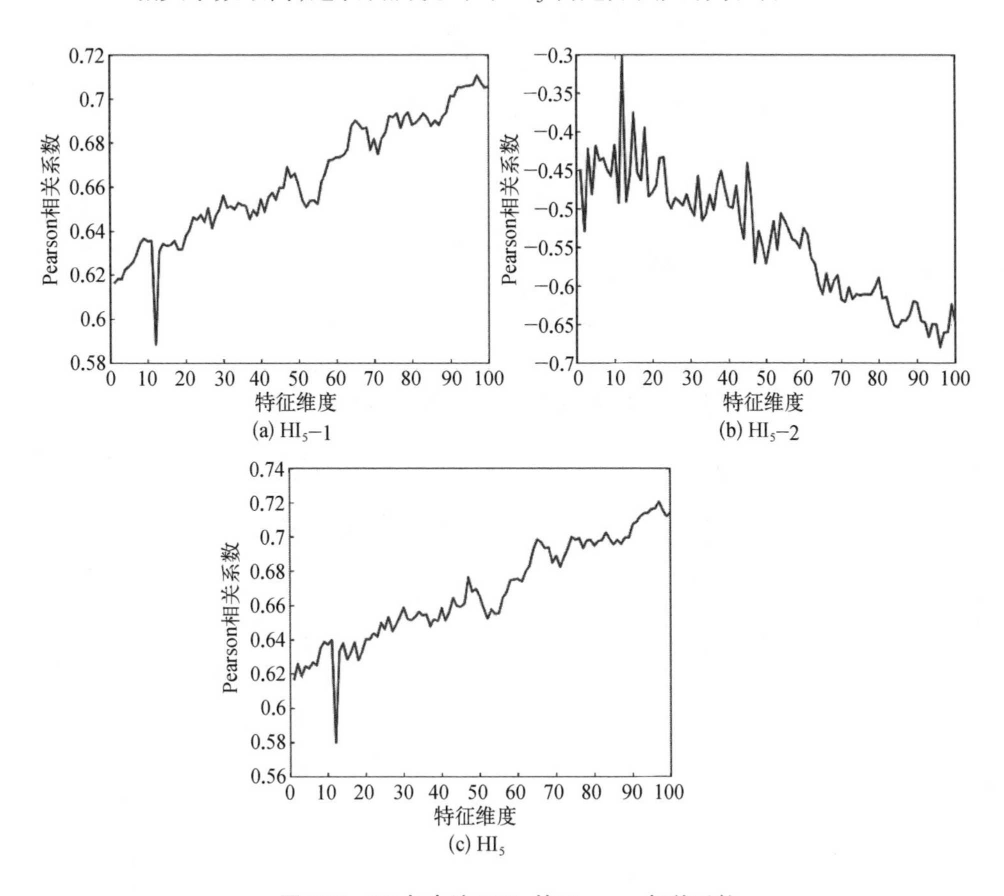

图 9.14　HI 与电池 RUL 的 Pearson 相关系数

此外，为了进一步从 HI_5 中提取电池的衰退特征，对 HI_5 进行滑动平均和求前后差值，计算方法和处理容量的方法相同，将提取的 HI 记为 HI_6，结果如图 9.15 所示。从图中可以发现，HI_6 与 RUL 的相关性与 HI_5 相差不大，最大值在 0.72 附近，这表明从 HI_6 中进一步提取电池的衰退特征是有效的。

4）等容量升充电电压

图 9.16 给出了一块电池在第 100 次、300 次、500 次和 700 次循环时的容量-充电电压曲线，从图中可以发现，随着充放电循环次数的增加，电池的容量-充电电压曲线表现出明显不同，具体表现为相同容量处的充电电压随充放电循环次数增加而增加，因此可以从容量-充电电压曲线中提取 HI。

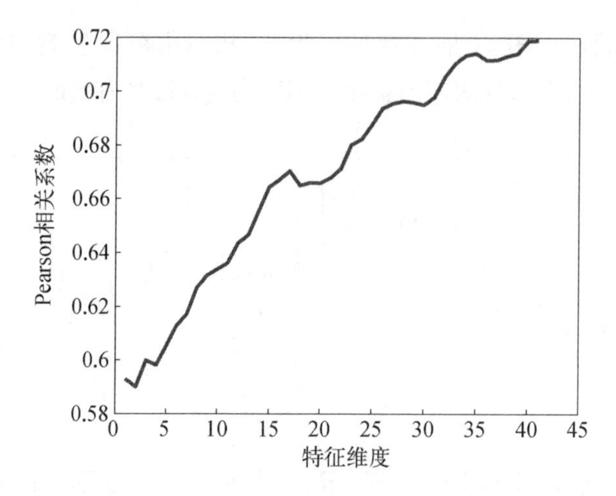

图 9.15　HI_6 与电池 RUL 的 Pearson 相关系数

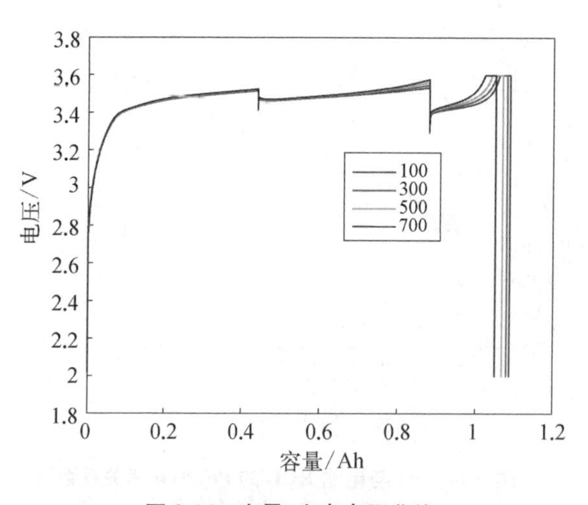

图 9.16　容量-充电电压曲线

从图 9.16 中可以发现，由于充电策略中涉及在 80%SOC 时切换充电电流，因此容量等于 0.88 Ah 时，充电电压曲线出现了明显波动。为了避免该波动的影响，本节提取等容量变化区间中电压的最大值作为 HI，记为 HI_7。从图中可以看出，影响 HI_7 的因素是等容量升区间的选择。为了探究不同区间对 HI_7 的影响，本节设置了九个等容量升区间，分别是[0.1, 0.2] Ah、[0.2, 0.3] Ah、[0.3, 0.4] Ah、[0.4, 0.5] Ah、[0.5, 0.6] Ah、[0.6, 0.7] Ah、[0.7, 0.8] Ah、[0.8, 0.9] Ah、[0.9, 1] Ah，对应区间编号为 1~9。从图 9.16 所示的四个循环数据中，分别在不同区间上提取 HI_7，结果如图 9.17 所示。从图 9.17 可以发现，HI_7 在区间 7~9 上的差异明显高于其他区间,因此本节从区间[0.7, 0.8]Ah、[0.8, 0.9]Ah、[0.9, 1]Ah 提取容量最大值,并计算最大容量值的和得到 HI_7:

$$HI_7 = \max(V_i^{Q=[0.7,\ 0.8]}) + \max(V_i^{Q=[0.8,\ 0.9]}) + \max(V_i^{Q=[0.9,\ 1]}) \tag{9.20}$$

根据上述方法计算所有电池前 100 次循环的 HI_7,结果为 124×100 的特征矩阵。计算每个特征向量与电池 RUL 的 Pearson 相关系数,结果如图 9.18 所示。从图中可以发现,HI_7 与 RUL 的 Pearson 相关系数最大值在-0.45 附近,表明 HI_7 与容量具有一定的相关性,并且与电池 RUL 呈负相关。

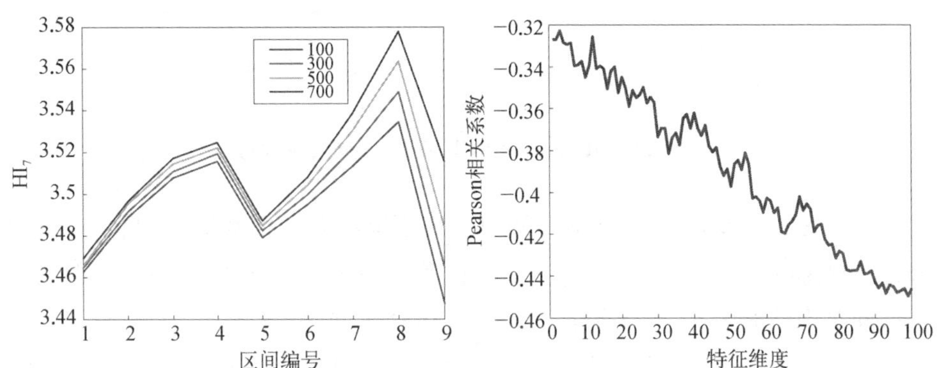

图 9.17　不同区间下的最大电压　　　图 9.18　HI_7 与电池 RUL 的 Pearson 相关系数

此外,为了进一步从 HI_7 中提取电池的衰退特征,对 HI_7 进行滑动平均和求前后差值,计算方法和处理容量的方法相同,将提取的 HI 记为 HI_8,结果如图 9.19 所示。从图中可以发现,HI_8 与电池 RUL 的 Pearson 相关系数的最大值在-0.72 左右,这表明从 HI_7 中进一步提取衰退特征是有效的。

5）等压降放电时间

图 9.20 给出了一块电池在第 100 次、300 次、500 次和 700 次循环时的时间-放电电压曲线,从图中可以发现,随着充放电循环次数的增加,电池的时间-放电电压曲线表现出明显不同,具体表现为,随着循环充放电次数增加,电池的放电电压下降速度增加,因此可以从电池的时间-放电电压曲线中提取有效的 HI。

现有研究从时间-放电电压曲线中提取等压降放电时间,结果表明该健康因子与电池 RUL 具有较好的相关性[13]。等压降放电时间指在恒流放电阶段,放电电压在某个区间变化所需要的时间,记为 HI_9。其中,在第 700 次循环时,HI_9

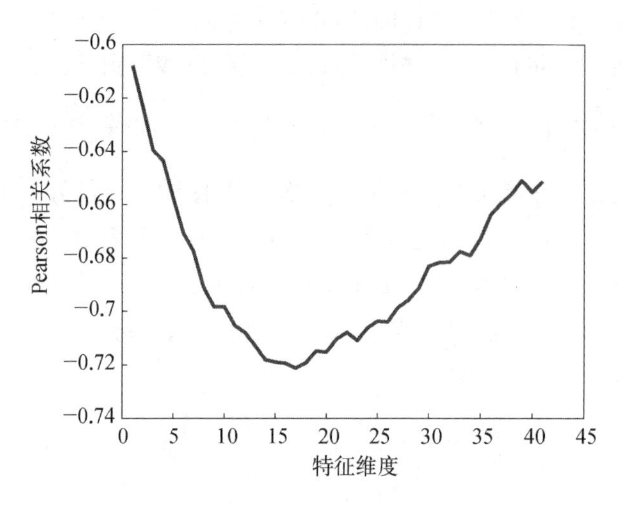

图 9.19　HI_8 与电池 RUL 的 Pearson 相关系数

的提取方式如图 9.20 所示。从图中可以看出,影响 HI_9 的因素是等压降区间的选择,而现有研究中一般用经验的方法直接设置,理论支撑不够[13]。为了探究不同区间对 HI_9 的影响,本节设置了四个等压降区间,分别是[2, 2.4]V、[2.4, 2.8]V、[2.8, 3.2]V、[3.2, 3.6]V,对应区间编号 1~4。从图 9.20 所示的四个循环数据中,分别在上述四个区间上提取 HI_9,结果如图 9.21 所示。从图 9.21 可以发现,HI_9 在区间 3 上的差异明显,在其他三个区间上的差异不明显。因此,本节将等压降区间设置为[2.8, 3.2]V:

$$HI_{9_i} = t_i^{V=2.8} - t_i^{V=3.2} \tag{9.21}$$

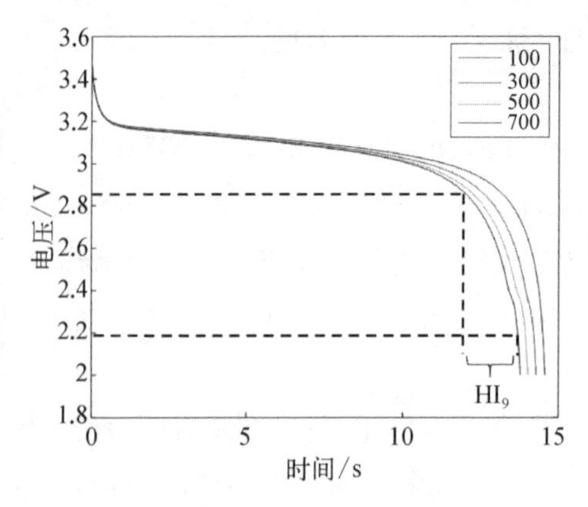

图 9.20　时间-放电电压曲线

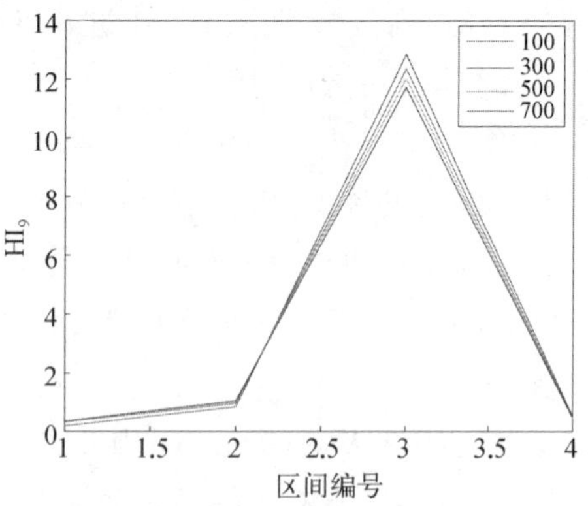

图 9.21　不同等压降区间提取的 HI_9

根据上述方法计算所有电池前100次循环的HI_9,结果为124×100的特征矩阵。计算每个特征向量与电池RUL的Pearson相关系数,结果如图9.22(a)所示。从图中可以发现,HI_9与RUL的Pearson相关系数最大值在0.62附近,表明HI_9与容量具有一定的相关性,并且与电池RUL呈正相关。此外,为了进一步从HI_9中提取电池的衰退特征,对HI_9进行滑动平均和求前后差值,计算方法和处理容量的方法相同,将提取的HI记为HI_{10},结果如图9.22(b)所示。从图中可以发现,HI_{10}与电池RUL的Pearson相关系数的最大值在0.77左右,明显高于HI_9,这表明从HI_9中提取电池的退化特征是有效的。

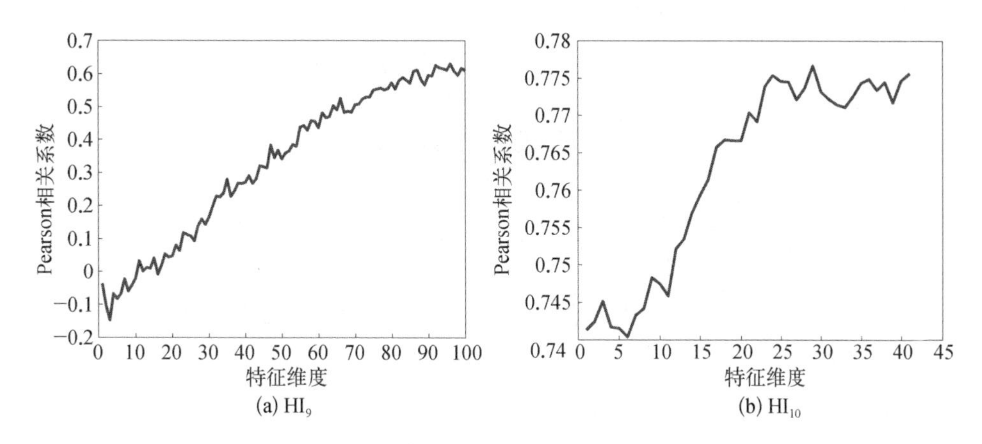

图9.22　HI与电池RUL的Pearson相关系数

6）等容量升放电电压

图9.23给出了一块电池在第100次、300次、500次和700次循环时的容量-放电电压曲线,从图中可以发现,随着充放电循环次数的增加,电池的容量-放电电压曲线表现出明显不同,具体表现为相同容量处的放电电压随充放电循环次数增加而降低,因此可以从容量-放电电压曲线中提取HI。

从图9.23可以发现,不同循环次数中,同一个容量对应的放电电压具有明显差异,因此本节提取放电过程中,等容量变化区间中放电电压的平均值作为HI,记为HI_{11}。从图中可以看出,影响HI_{11}的因素是等容量升区间的选择。为了探究不同区间对HI_{11}的影响,本节设置了八个等容量升区间,分别是[0.1, 0.2]Ah、[0.2, 0.3]Ah、[0.3, 0.4]Ah、[0.4, 0.5]Ah、[0.5, 0.6]Ah、[0.6, 0.7]Ah、[0.7, 0.8]Ah、[0.8, 0.9]Ah,对应区间编号1~8。从图9.23所示的四个循环数据中,分别在不同区间上提取HI_{11},结果如图9.24所示。从图9.24可以发现,HI_{11}在第7和第8区间上的差异明显高于其他区间,因此本节设置等容量升的

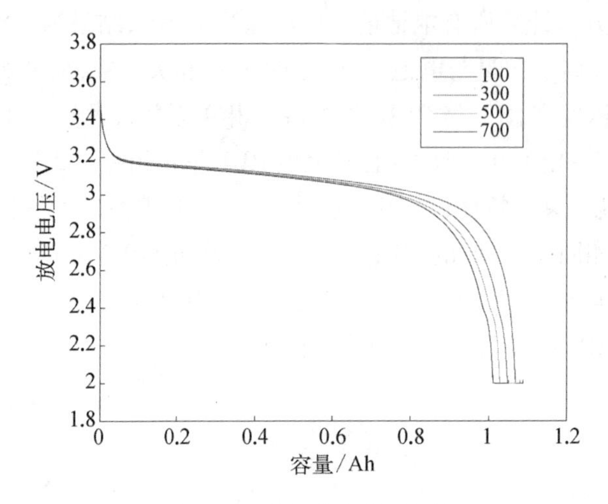

图 9.23 容量-放电电压曲线

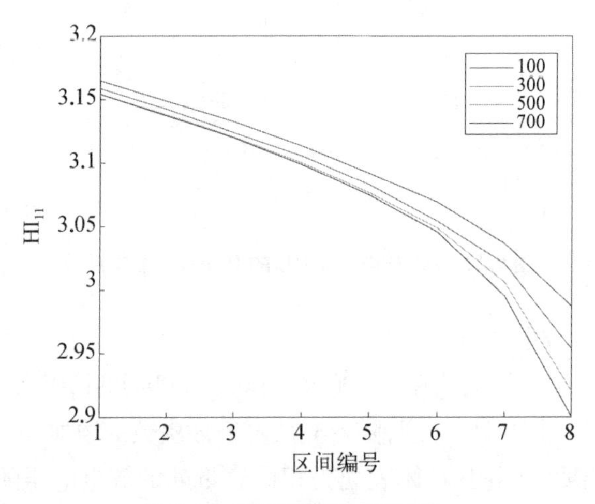

图 9.24 不同容量区间的 HI_{11}

变化区间为[0.7, 0.9],计算该区间对应的放电电压的均值为 HI_{11}:

$$HI_{11_i} = \frac{1}{N}\sum_{j=1}^{N} V_i^j \tag{9.22}$$

根据上述方法计算所有电池前 100 次循环的 HI_{11},结果为 124×100 的特征矩阵。计算每个特征向量与电池 RUL 的 Pearson 相关系数,结果如图 9.25(a)所示。从图中可以发现,HI_{11} 与 RUL 的 Pearson 相关系数最大值在 0.62 附近,表明 HI_{11} 与容量具有一定的相关性,并且与电池 RUL 呈正相关。同时,为了进一步从

HI_{11}中提取电池的衰退特征，对 HI_{11}进行滑动平均和求前后差值，计算方法和处理容量的方法相同，将提取的 HI 记为 HI_{12}，结果如图 9.25(b)所示。从图中可以发现，HI_{12}与电池 RUL 的 Pearson 相关系数最大值在 0.71 左右，明显高于 HI_{11}，这表明该健康因子是有效的。

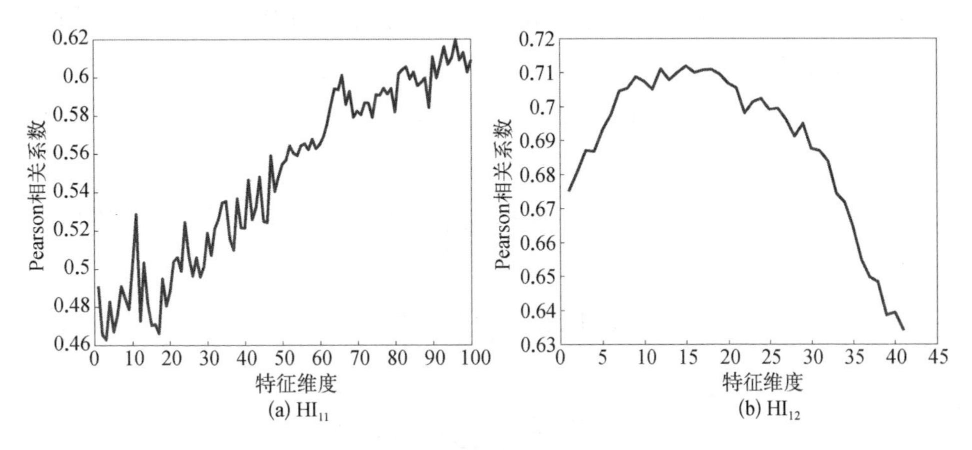

图 9.25　HI 与电池 RUL 的 Pearson 相关系数

3. 健康因子的融合

单一的 HI 往往无法全面描述电池的退化特征，因此所提出方法通过组合所有健康因子来构成融合型健康因子，以提高锂离子电池 RUL 的预测精度。本节从充放电电压、电流曲线中提取了 12 个健康因子，其中 HI_1、HI_3、HI_5、HI_7、HI_9 和 HI_{11}构成的特征矩阵为 124×100 维，HI_2、HI_4、HI_6、HI_8、HI_{10}和 HI_{12}组成的特征矩阵为 124×41 维，直接将所有特征进行融合，则融合特征构成的特征矩阵为 124×846 维。由于融合特征的维数过高，一方面增加了计算量；另一方面，冗余的特征会影响回归模型的精度。为了降低特征维度，同时保留不同健康因子的特点，所提出方法采用 PCA 对健康因子进行了处理。需要注意的是，PCA 并非对融合后的健康因子进行处理，而是先对各个健康因子进行处理，然后分别筛选出累积贡献度达到 0.9 的成分，将选出的成分进行融合得到融合型健康因子。

9.2.3　锂离子电池剩余寿命预测结果与分析

本节旨在研究通过早期循环数据预测锂离子电池 RUL 的方法，因此只采用前 100 次循环数据用以训练模型。实验采用 6 折交叉验证的方法，同时对比了几个常见的机器学习方法在融合型 HI 上的性能,包括 SVM、ELM 和 GPR,以验证所提出方法的优越性。

为了定量评估不同方法的性能,本节采用绝对误差(absolute error, AE)、百分比误差(absolute percentage error, APE)、平均绝对误差(MAE)、平均百分比误差(mean absolute percentage error, MAPE)、均方根误差(RMSE)作为方法的评价指标,计算方法如下:

$$\mathrm{AE} = |\mathrm{RUL}_{\mathrm{pre}} - \mathrm{RUL}_{\mathrm{real}}| \tag{9.23}$$

$$\mathrm{APE} = \frac{\mathrm{AE}}{\mathrm{RUL}_{\mathrm{real}}} \tag{9.24}$$

$$\mathrm{MAE} = \frac{1}{N}\sum_{i=1}^{N} \mathrm{AE}_i \tag{9.25}$$

$$\mathrm{MAPE} = \frac{1}{N}\sum_{i=1}^{N} \mathrm{MAPE}_i \tag{9.26}$$

$$\mathrm{RMSE} = \sqrt{\frac{1}{N}\sum_{i=1}^{N} (\mathrm{RUL}_{\mathrm{pre}}^{i} - \mathrm{RUL}_{\mathrm{real}}^{i})^2} \tag{9.27}$$

1. 早期循环数据下的锂离子电池 RUL 预测结果

为了验证提出方法在早期循环数据下的锂离子电池 RUL 预测性能,本节从电池的前 100 次循环数据提取 12 个 HI,按照设计的 RUL 预测步骤,进行锂离子电池 RUL 预测,结果如图 9.26 所示。从图 9.26(a)可以发现,RUL 的分布比较广泛,存在个别电池的 RUL 远高于其他电池的状况,这也导致部分电池的 RUL 难以准确预测,但整体而言,提出方法能够较好地预测所有电池的 RUL。从图 9.26(b)中可以发现,除了少数几个 RUL 较大的电池预测结果的 AE 较大,其他电池预测结果的 AE 均较小;从图 9.26(c)来看,除了其中一块电池外,提出方法在余下电池预测结果的 APE 均较小,这表明提出方法在锂离子电池 RUL 分布较大的数据集上具有较好的预测精度。综合结果来看,实验采用的锂离子电池 RUL 分布得较为广泛,同时训练集只采用了早期循环数据,但提出方法仍取得了较为满意的效果,这表明提出方法能够实现早期循环数据下的锂离子电池 RUL 预测。

为了进一步验证方法的有效性,将提出方法与 GPR 和 ELM 方法进行了

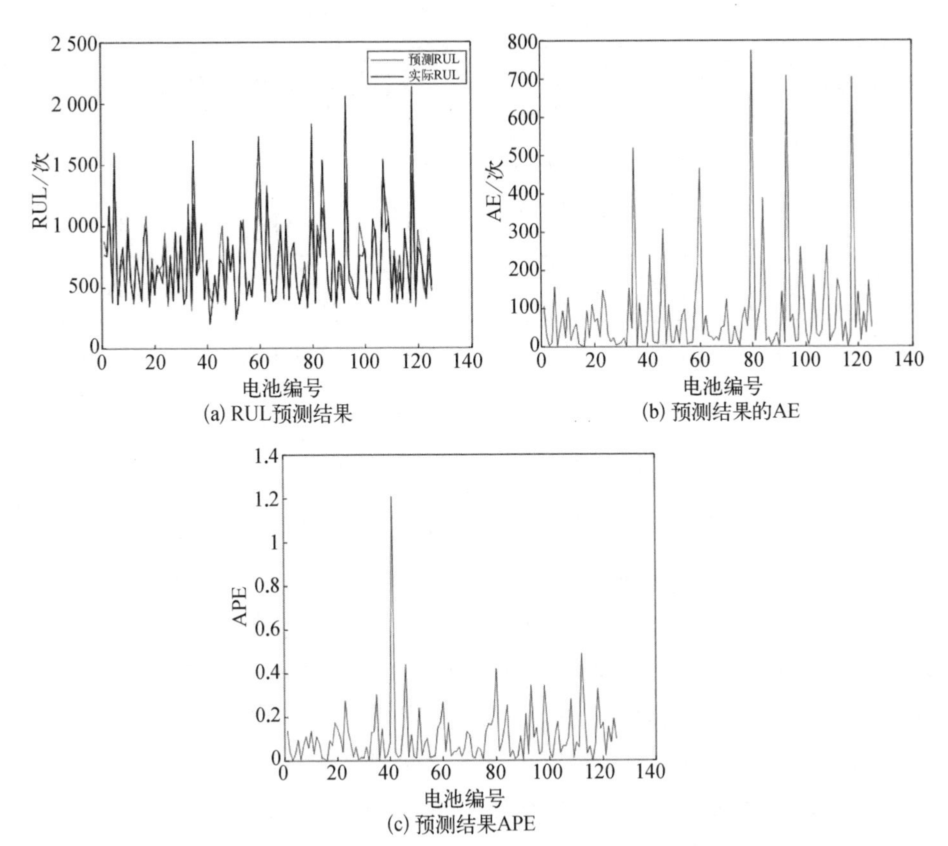

(a) RUL预测结果

(b) 预测结果的AE

(c) 预测结果APE

图 9.26 前 100 次循环数据下的锂离子电池 RUL 预测结果

对比分析;同时为了验证方法的鲁棒性,另外选择了 300 次循环数据作为训练集,进行实验对比分析,结果如表 9.1 所示。从表中可以发现,训练集为前 100 次循环数据时,PCA－SVR 的预测结果精度最高,其次是 PCA－GPR,最后是 PCA－ELM,这表明所提出方法在早期循环数据下的锂离子电池 RUL 预测中优于其他两种方法;训练集为前 300 次循环数据时,采用 PCA－SVR 算法的 MAE 和 RMSE 相较于前 100 次循环数据进行预测时有明显降低,而 MAPE 略微增大,整体来看,其精度随训练集数据增加而提高;PCA－GPR 的预测精度也随训练集增加而提高,而 PCA－ELM 出现了明显下降,这表明提出方法和 PCA－GPR 的鲁棒性优于 PCA－ELM。综上可以发现,提出方法在早期循环数据下的锂离子电池 RUL 预测中具有较好的性能,并且其鲁棒性优于现有方法。

表 9.1 不同方法的 RUL 预测结果

循环次数	模　型	MAE/次	MAPE	RMSE/次
100	PCA - SVR	**85.84**	**0.11**	**158.86**
	PCA - GPR	166.86	0.19	281.55
	PCA - ELM	139.74	0.21	216.14
300	PCA - SVR	**69.78**	**0.14**	**115.31**
	PCA - GPR	101.18	0.17	184.27
	PCA - ELM	157.08	0.45	316.03

2. 单一健康因子下的锂离子电池 RUL 预测结果

为了观察不同健康因子在锂离子电池 RUL 预测中的性能,利用 12 个健康因子,在 SVM、GPR 和 ELM 上进行了电池的 RUL 预测,结果如表 9.2 所示。表中左侧为采用原始健康因子进行 RUL 预测的结果,右侧是健康因子经过滑动平均和求差值后进行 RUL 预测的结果。对比单个健康因子的 RUL 预测结果,从 MAE 来看,SVR 在 11 个健康因子上的结果低于 GPR 和 ELM 方法,GPR 在一个健康因子上的 MAE 低于 SVR 和 ELM;从 MAPE 来看,SVR 在 10 个健康因子上的结果低于 GPR 和 ELM 方法,GPR 在一个健康因子上的 MAPE 低于 SVR 和 ELM 方法;从 RMSE 来看,SVR 在 7 个健康因子上的结果低于 GPR 和 ELM, GPR 在四个健康因子上的 RMSE 最低,ELM 在一个健康因子上的 RMSE 最低。因此,从任何一个评价指标来看,SVR 相较于 GPR 和 ELM 方法都具有更好的稳定性,在多个健康因子上表现出优于 GPR 和 ELM 的性能。采用 SVR 构建预测模型时,HI_{12}的 RUL 预测结果相对较好,MAE、MAPE 和 RMSE 的值分别为 110.46、0.16、183.87;采用 GPR 构建预测模型时,HI_{10}的 RUL 预测结果相对较好,MAE、MAPE 和 RMSE 的值分别为 110.01、0.12、174.35;采用 ELM 构建预测模型时,HI_{10}的 RUL 预测结果相对较好,MAE、MAPE 和 RMSE 的值分别为 150.13、0.23、208.22。可以发现 SVR 和 GPR 在 RUL 预测中的效果较好,而 ELM 在电池 RUL 预测中的效果明显比 SVR 和 GPR 差,这表明 SVR 和 GPR 在锂离子电池 RUL 预测中的效果优于 ELM。

表 9.2　不同 HI 下的锂离子电池 RUL 预测结果

健康因子	模型	MAE/次	MAPE	RMSE/次	健康因子	模型	MAE/次	MAPE	RMSE/次
HI_1	SVR	**220.79**	**0.30**	343.71	HI_2	SVR	**191.45**	**0.26**	**305.12**
	GPR	259.61	0.40	356.06		GPR	238.17	0.37	343.20
	ELM	236.06	0.37	**339.05**		ELM	258.39	0.54	541.32
HI_3	SVR	**184.06**	**0.25**	**307.64**	HI_4	SVR	**243.03**	**0.39**	354.78
	GPR	219.66	0.29	344.26		GPR	246.94	0.40	**351.31**
	ELM	224.58	0.34	332.11		ELM	282.84	0.46	384.02
HI_5	SVR	**120.67**	**0.14**	229.43	HI_6	SVR	**139.20**	**0.19**	**238.49**
	GPR	128.85	0.15	**228.13**		GPR	179.83	0.24	280.70
	ELM	161.53	0.24	246.16		ELM	178.14	0.30	272.91
HI_7	SVR	**130.78**	**0.18**	**213.73**	HI_8	SVR	**114.49**	**0.15**	**205.02**
	GPR	234.23	0.32	338.78		GPR	124.18	0.16	207.84
	ELM	172.74	0.24	257.26		ELM	153.73	0.21	276.55
HI_9	SVR	**112.05**	**0.15**	181.07	HI_{10}	SVR	114.58	0.18	180.32
	GPR	116.52	**0.15**	**176.31**		GPR	**110.01**	**0.15**	**174.35**
	ELM	152.97	0.24	225.17		ELM	150.13	0.23	208.22
HI_{11}	SVR	**126.13**	**0.16**	**227.84**	HI_{12}	SVR	**110.46**	**0.16**	**183.87**
	GPR	181.01	0.23	293.24		GPR	135.65	0.17	212.43
	ELM	196.68	0.30	296.35		ELM	171.53	0.27	246.70

注：标粗的数据表示最小值。

将表 9.2 中三种方法的预测结果进行求平均，结果如表 9.3 所示。从表中可以发现，从 MAE 来看，HI_{10}在电池 RUL 预测中的性能较好，MAE 为 124.91；从 MAPE 来看，HI_5、HI_8 和 HI_9 在 RUL 预测中的效果较好，MAPE 为 0.18；从 RMSE 来看，HI_{10}在 RUL 预测中的性能较好，RMSE 为 187.63。综合来看，HI_5 和 HI_8 的

RMSE 较大，而 HI_9 和 HI_{10}的 RMSE 均小于 200，因此 HI_9 和 HI_{10}在锂离子电池 RUL 预测中的性能最好；其次是 HI_5、HI_6、HI_7、HI_8、HI_{11}、HI_{12}，其 MAE 小于 200，RMSE 小于 300，MAPE 小于 0.25；HI_1、HI_2、HI_3 和 HI_4 的性能最差。对比特征处理前后的性能，可以发现，对 HI_1、HI_7、HI_9 和 HI_{11} 进行滑动平均和求差值处理后，提高了锂离子电池 RUL 预测的精度，这进一步表明采用滑动平均和求差值的方法有利于增强健康因子与电池 RUL 的相关性。

表 9.3　三种方法的 RUL 预测结果均值

指标	HI_1	HI_2	HI_3	HI_4	HI_5	HI_6
MAE/次	238.82	229.34	209.43	257.60	137.02	165.72
MAPE	0.36	0.39	0.29	0.42	**0.18**	0.24
RMSE/次	346.27	396.55	328.00	363.37	234.57	264.03
指标	HI_7	HI_8	HI_9	HI_{10}	HI_{11}	HI_{12}
MAE/次	179.25	130.80	127.18	**124.91**	167.94	139.21
MAPE	0.25	**0.18**	**0.18**	0.19	0.23	0.20
RMSE/次	269.93	229.80	194.18	**187.63**	272.48	214.33

将表 9.2 中 12 个健康因子的预测结果进行求平均，结果如表 9.4 所示。从表中可以发现，利用 SVR 进行锂离子电池 RUL 预测时，预测结果的 MAE 为 150.64、MAPE 为 0.21、RMSE 为 247.58，均低于 GPR 和 ELM 方法，这表明 SVR 在锂离子电池 RUL 预测中具有优越的性能；其次是 GPR 方法，而 ELM 方法的 RUL 预测效果最差。

表 9.4　所有健康因子的 RUL 预测结果均值

模　型	MAE/次	MAPE	RMSE/次
SVR	**150.64**	**0.21**	**247.58**
GPR	181.22	0.25	275.55
ELM	194.94	0.31	302.15

3. 融合型健康因子下的锂离子电池 RUL 预测结果

单一的 HI 往往无法全面描述电池的退化特征，因此本节提出了基于 PCA

的融合型健康因子。与常见的直接将所有特征进行简单融合的方法不同,提出方法首先采用 PCA 对各个健康因子进行处理,然后从各个健康因子中提取累计贡献度大于 90%的成分,组合为新的融合型健康因子,这有利于降低融合型健康因子的维度,同时保留不同健康因子的信息,能够提高锂离子电池 RUL 的预测精度。为了验证融合型健康因子的有效性,本节对常见的直接融合方法和提出方法进行了对比分析,结果如表 9.5 所示。

表 9.5　融合型 HI 进行 RUL 预测的结果

模　型	特征维度	MAE/次	MAPE	RMSE/次
SVR	846	90.56	0.12	165.37
PCA - SVR	12	**85.84**	**0.11**	**158.86**
GPR	846	121.90	0.15	209.70
PCA - GPR	12	166.86	0.19	281.55
ELM	846	233.04	0.43	370.82
PCA - ELM	12	139.74	0.21	216.14

从表 9.5 可以看出,经过 PCA 处理后,融合特征的维度下降到 12 维,而未经过 PCA 处理的特征维数为 846 维,因此利用 PCA 处理健康因子能够明显降低融合型 HI 的维度;对比所有方法的 RUL 预测结果可以发现,采用 SVR 模型进行 RUL 预测的精度明显优于 GPR 和 ELM,采用 PCA - SVR 模型进行 RUL 预测的精度明显优于 PCA - GPR 和 PCA - ELM,这表明 SVR 方法在融合型健康因子中的性能更好。对比表 9.2 中单 HI 的 RUL 预测结果与表 9.5 中融合型 HI 的 RUL 预测结果可以发现,融合型健康因子结合 SVR 进行 RUL 预测的精度明显高于单 HI 结合 SVR 的精度,并且采用 PCA - SVR 模型时,锂离子电池 RUL 预测精度进一步提高,在所有锂离子电池 RUL 预测方法中达到最高的预测精度,MAE 为 85.84, MAPE 为 0.11, RMSE 为 158.86,这表明融合型健康因子能够提高 RUL 预测精度,并且采用 PCA 处理健康因子,能够进一步提高 RUL 预测精度,验证了提出方法的有效性。

9.3　本章小结

本章主要研究了锂离子电池 RUL 直接预测方法,即直接建立锂离子电池的历史数据与 RUL 的关系模型,从而实现锂离子电池 RUL 预测。同时,针对锂离子电池初期退化时,容量变化不明显导致的 RUL 预测精度不高的问题,提出了一种基于融合型 HI 与 PCA - SVR 的锂离子电池 RUL 直接预测方法。

从充放电电压、电流中提取了 12 个健康因子,利用 Pearson 相关系数分析了健康因子与电池 RUL 的相关性,并给出了每个健康因子构建的具体步骤和各个区间的设置方法。

结合提取的健康因子,构建了 PCA - SVR 回归模型,具体是采用 PCA 分别对 12 个健康因子进行处理,以降低融合健康因子的维度,同时提取到多个维度的特征信息,提高锂离子电池 RUL 预测精度。

在 MIT 数据集上进行了实验验证,对比分析了单个特征、融合特征和不同方法的锂离子电池 RUL 预测性能,结果发现等压降放电时间在锂离子电池 RUL 预测中的性能较好,PCA - SVR 方法在早期循环数据下的锂离子电池 RUL 预测性能优于 PCA - GPR 和 PCA - ELM 方法,验证了本章方法的有效性。

参考文献

[1] 肖迁,穆云飞,焦志鹏,等.基于改进 LightGBM 的电动汽车电池剩余使用寿命在线预测[J].电工技术学报,2022,37(17):4517 - 4527.

[2] Pan D W, Li H F, Wang S J. Transfer learning-based hybrid remaining useful life prediction for lithium-ion batteries under different stresses[J]. IEEE Transactions on Instrumentation and Measurement, 2022, 71: 2501810.

[3] Gou B, Xu Y, Feng X. State-of-health estimation and remaining-useful-life prediction for lithium-ion battery using a hybrid data-driven method[J]. IEEE Transactions on Vehicular Technology, 2020, 69(10): 10854 - 10867.

[4] Afshari S S, Cui S H, Xu X Y, et al. Remaining useful life early prediction of batteries based on the differential voltage and differential capacity curves[J]. IEEE Transactions on Instrumentation and Measurement, 2022, 71: 6500709.

[5] 何冰琛,杨薛明,王劲松,等.基于 PCA - GPR 的锂离子电池剩余使用寿命预测[J].太阳能学报,2022,43(5):484 - 491.

[6] Severson K A, Attia P M, Jin N, et al. Data-driven prediction of battery cycle life before capacity degradation[J]. Nature Energy, 2019, 4: 383 - 391.

[7] Elmahallawy M, Elfouly T, Alouani A, et al. A comprehensive review of lithium-ion batteries modeling, and state of health and remaining useful lifetime prediction[J]. IEEE Acess, 2022, 10: 119040 - 119070.

[8] Liu Q Q, Zhang J Y, Li K, et al. The remaining useful life prediction by using electrochemical model in the particle filter framework for lithium-ion batteries[J]. IEEE Access, 2020, 8: 126661 - 126670.

[9] Ren L, Dong J B, Wang X K, et al. A data-driven auto-CNN-LSTM prediction model for lithium-ion battery remaining useful life[J]. IEEE Transactions on Industrial Informatics,

2021, 17(5): 3478－3487.
[10] Wang J G, Zhang S D, Li CY, et al. A data-driven method with mode decomposition mechanism for remaining useful life prediction of lithium-ion batteries [J]. IEEE Transactions on Power Electronics, 2022, 37(11): 13684－13695.
[11] 王瀛洲,倪裕隆,郑宇清,等.基于ALO－SVR的锂离子电池剩余使用寿命预测[J].中国电机工程学报,2021,41(4): 1445－1457,1550.
[12] 史永胜,施梦琢,丁恩松,等.基于CEEMDAN－LSTM组合的锂离子电池寿命预测方法[J].工程科学学报,2021,43(7): 985－994.
[13] 冯能莲,汪君杰,雍加望.基于放电过程的锂离子电池剩余寿命预测[J].汽车工程,2021,43(12): 1825－1831.
[14] 梁海峰,袁芃,高亚静.基于CNN－Bi－LSTM网络的锂离子电池剩余使用寿命预测[J].电力自动化设备,2021,41(10): 213－219.
[15] 魏孟,王桥,叶敏,李嘉波,等.基于NARX动态神经网络的锂离子电池剩余寿命间接预测[J].工程科学学报,2022,44(3): 380－388.
[16] 孙道明,俞小莉.随机放电工况下锂离子电池容量预测方法[J].汽车工程,2020,42(9): 1189－1196.
[17] 庞晓琼,王竹晴,曾建潮,等.基于PCA－NARX的锂离子电池剩余使用寿命预测[J].北京理工大学学报,2019,39(4): 406－412.
[18] 刘金凤,陈浩玮,Herbert H.基于VMD和DAIPSO－GPR解决容量再生现象的锂离子电池寿命预测研究[J].电子与信息学报,2023,45(3): 1111－1120.
[19] 徐佳宁,倪裕隆,朱春波.基于改进支持向量回归的锂电池剩余寿命预测[J].电工技术学报,2021,36(17): 3693－3704.